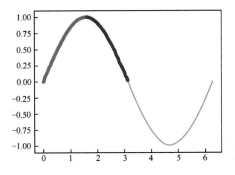

▲图3-4 例3-20程序运行结果

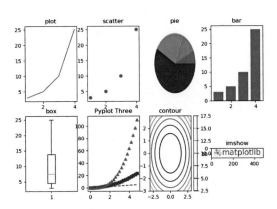

▲图4-2 例4-10程序运行结果

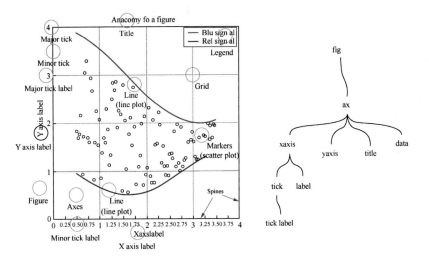

▲图4-4 Axes对象

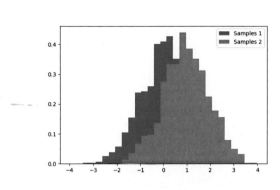

▲图4-5 例4-11程序运行结果

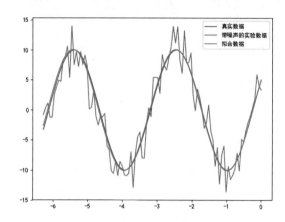

▲图4-7 例4-15.2程序运行结果

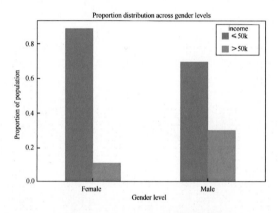

▲图7-5 例7-7.9程序运行结果

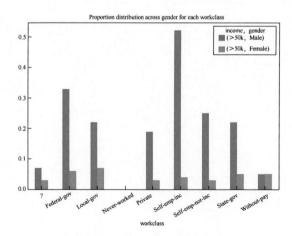

▲图7-6 例7-7.10程序运行结果

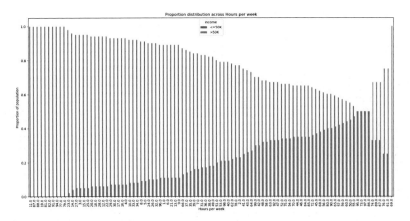

▲图7-7　例7-7.11程序运行结果

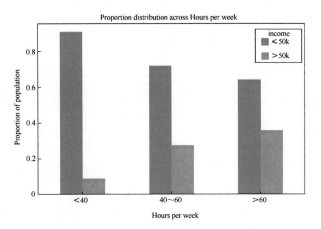

▲图7-8　例7-7.12程序运行结果

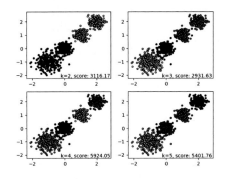

▲图10-8　例10-3程序运行结果

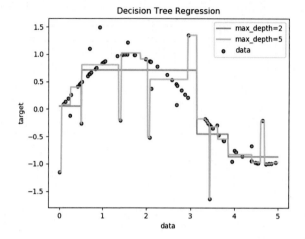

▲图11-3 例11-3程序运行结果

▲图13-1 注意力建模

Python 3
人工智能
从入门到实战

破冰

黄海涛◎著

人民邮电出版社

北京

图书在版编目（CIP）数据

Python 3 破冰人工智能：从入门到实战 / 黄海涛
著. -- 北京：人民邮电出版社，2019.5（2024.7 重印）
ISBN 978-7-115-50496-8

Ⅰ. ①P… Ⅱ. ①黄… Ⅲ. ①软件工具—程序设计
Ⅳ. ①TP311.561

中国版本图书馆CIP数据核字(2018)第300070号

内 容 提 要

本书创新性地从数学建模竞赛入手，深入浅出地讲解了人工智能领域的相关知识。本书内容基于
Python 3.6，从人工智能领域的数学出发，到 Python 在人工智能场景下的关键模块；从网络爬虫到数据
存储，再到数据分析；从机器学习到深度学习，涉及自然语言处理、机器学习、深度学习、推荐系统
和知识图谱等。

此外，本书还提供了近 140 个代码案例和大量图表，全面系统地阐述了算法特性，个别案例算法
来自于工作经验总结，力求帮助读者学以致用。

本书不仅适用于人工智能技术初学者，也适合具有一定经验的技术人员阅读，还可作为高等院校
计算机等相关专业师生的参考用书。

♦ 著　　　　黄海涛

责任编辑　张　爽

责任印制　焦志炜

♦ 人民邮电出版社出版发行　　北京市丰台区成寿寺路 11 号

邮编　100164　　电子邮件　315@ptpress.com.cn

网址　http://www.ptpress.com.cn

北京七彩京通数码快印有限公司印刷

♦ 开本：800×1000　1/16　　　　彩插：2

印张：15　　　　　　　　　　2019 年 5 月第 1 版

字数：334 千字　　　　　　　2024 年 7 月北京第 16 次印刷

定价：69.90 元

读者服务热线：(010)81055410　印装质量热线：(010)81055316
反盗版热线：(010)81055315
广告经营许可证：京东市监广登字20170147号

序

2017 年 7 月 8 日，国务院发布《新一代人工智能发展规划》，正式开启国内人工智能发展的新篇章。同年 12 月 14 日，工业和信息化部印发《促进新一代人工智能产业发展三年行动计划（2018-2020 年）》的通知，明确提出要推动人工智能和实体经济深度融合，加快制造强国和网络强国建设。

"识时务者为俊杰"。人工智能蓬勃发展，要想在互联网的浪潮下立于不败之地，就必须了解当前的行业现状，不断追求新的技术方法，完善自己的专业技能，才能为胜任工作做好准备。

目前，人工智能人才供不应求，人工智能从业者薪资水平居 IT 行业前列，众多从业者也在考虑转行 AI。虽然谁都想赶上 AI 的风口，但是好的学习样本并不多。本书恰似指路明灯，为读者照亮人工智能初学之路。它不仅讲知识，而且注重传授经验，既有学习计划，又侧重实战。

"不登高山，不知天之高"。一个人无论技术能力高低，都应以"满招损，谦受益"的求学态度，不断完善自己的知识储备。达尔文曾说过："最有价值的知识是关于方法的知识。"本书是基于作者学习与工作经验总结而成的，构建了系统全面的人工智能学习结构。希望读者通过阅读本书，能够在寻找答案和方法的过程中，得到能力上的提升。这也是出版本书的意义。

黄海涛
2018 年秋

前　言

编写背景

作者在读本科和硕士期间，经常参加全国数学建模竞赛，而且成绩还不错，于是在闲暇之余，创建了一个数学建模交流网站，方便大家学习交流。网站创立至今，网友问得最多的都是数学建模方面的基础问题，而最受欢迎的答案，是来自实战的案例。

这是一本人工智能技术书籍，我是如何确定目标受众（Who）是哪些人，如何定位（What）本书内容的呢？

目标受众（Who）主要是哪些人？

我的老家在东北，每次回去，村里人都会问我："在北京做什么工作呢？"当我第一次回答"人工智能"时，看到的是他们不解的神情；后来我说"数据"，他们好像懂了一些，之后说"互联网"，嗯嗯……这下他们就明白了。

真是隔行如隔山！这种现象深深地印在我的脑海里，于是我在动笔之前，明确了本书的受众是对人工智能感兴趣的读者。无论你是否从事人工智能相关工作，均可阅读。本书内容全面，并辅以大量图表，不同岗位、不同水平的读者通过阅读本书都会有不同程度的收获。

如何定位（What）这本书的内容？

本书是一本实战型人工智能技术书籍。其中，人工智能部分涉及数学知识、Python 和算法。实战，指的是网络爬虫、数据储存、数据分析、自然语言处理、机器学习、推荐系统、深度学习部分的内容。

书中的每一章都提供了足够的数学知识和代码示例，帮助读者理解和掌握同深度的知识点，并更好地掌握其他知识点。

本书特色

Python 作为一种高级程序设计语言，凭借其简洁、易读及可扩展性，日渐成为程序设计领域备受推崇的语言，并成为人工智能背景下的首选语言之一。

本书基于 Python 3.6 构建了近 140 个代码案例，系统全面、循序渐进地介绍了 Python 在人工智能各方面的应用。本书主要包含以下四部分。

第一部分为从零认识 AI：第 1 章，创新性地从数学建模竞赛角度介绍人工智能，同时简述了人工智能涉及的主要数学知识。

第二部分为入门 AI 做准备：第 2～4 章，循序渐进地讲解了 AI 工程中重要的 Python 常用模块，提取语言精要，进行有针对性的学习。

第三部分为 Python 基础实战：第 5～7 章，分别阐述了网络爬虫（线程、进程、协程）、数据库存储（SQL 与 NoSQL）和数据分析，帮助读者为进一步学习 AI 知识做好准备。

第四部分为实战部分：第 8～14 章，首先以自然语言处理（分词、关键词提取、词向量、word2vec）作为开篇；接着以 4 种基本的机器学习算法为例，阐述算法特性；然后介绍了算法的主要应用场景——推荐系统，以及协同过滤与知识图谱在推荐系统中的应用；最后以深度学习框架 TensorFlow 入门知识作为本书的结束。

本书内容结构清晰，示例完整，涵盖数学基础、编程语言、算法应用。无论是人工智能领域的新手，还是经验丰富的编程老手，都将从中获益。

建议和反馈

由于作者水平有限，书中难免有错误和不当之处，欢迎读者指正，来函请发至作者邮箱 hhtnan@163.com 或本书编辑邮箱 zhangshuang@ptpress.com.cn，我将不胜感激。如果读者遇到问题需要帮助，也欢迎交流（QQ：451005528），我期望与你共同成长。

致谢

感谢我的妻子李宝玲在本书编写过程中提供的大力支持！感谢数学博士冯真真对于本书部分数学翻译工作的支持。感谢我的父母，感谢他们的辛勤付出！感恩我遇到的众多良师益友！

资源与支持

本书由异步社区出品，社区（https://www.epubit.com/）为您提供相关资源和后续服务。

配套资源

本书提供范例程序源代码，请在异步社区本书页面中点击 配套资源 ，跳转到下载界面，按提示进行操作即可。注意：为保证购书读者的权益，该操作会给出相关提示，要求输入提取码进行验证。

提交勘误

作者和编辑尽最大努力来确保书中内容的准确性，但难免会存在疏漏。欢迎您将发现的问题反馈给我们，帮助我们提升图书的质量。

当您发现错误时，请登录异步社区，按书名搜索，进入本书页面，点击"提交勘误"，输入勘误信息，单击"提交"按钮即可。本书的作者和编辑会对您提交的勘误进行审核，确认并接受后，您将获赠异步社区的 100 积分。积分可用于在异步社区兑换优惠券、样书或奖品。

详细信息	写书评	提交勘误

页码：　　　　页内位置（行数）：　　　　勘误印次：

B I U ABC 三·三·" ⑤ 🖼 ☒

字数统计

提交

扫码关注本书

扫描下方二维码，您将会在异步社区微信服务号中看到本书信息及相关的服务提示。

关于异步社区和异步图书

异步社区

微信服务号

目　录

第1章 从数学建模到人工智能

 为什么要把数学建模与当今火热的人工智能放在一起？

首先，数学建模在字面上可以分解成数学+建模，即运用统计学、线性代数和积分学等数学知识，构建算法模型，通过模型来解决问题。数学建模往往是没有对与错，只有"更好"（better），就好像让你评价两个苹果哪个更好吃，只有好吃、不好吃或者更好吃，没有对与错。

人工智能（Artificial Intelligence, AI），你可以将其理解为是一种"黑科技"，人类通过它，让计算机能够"更好"地像人一样思考。可以说"算法模型"是人工智能的"灵魂"，没有算法模型，一切都是"水中月""镜中花"！

因此，本书将从数学建模入手，由浅入深地为读者揭开 AI 的神秘面纱。

1.1 数学建模

1.1.1 数学建模与人工智能

1. 数学建模简介

数学建模是利用数学方法解决实际问题的一种实践。即通过抽象、简化、假设、引进变量等处理过程，将实际问题用数学方式表达，建立起数学模型，然后运用先进的数学方法及计算机技术进行求解。数学建模可以通俗地理解为数学+建模，即运用统计学、线性代数，积分学等数学知识，构建数学模型，通过模型解决问题。

按照传统定义，数学模型是对于一个现实对象，为了一个特定目的（实际问题），做出必要的简化假设（模型假设），根据对象的内在规律（业务逻辑、数据特征），运用适当的数学工具、计算机软件，得到的一个数学结构。

亚里士多德说，"智慧不仅仅存在于知识之中，而且还存在于应用知识的能力中"。数学建模就是对数学知识最好的应用，通过数学建模，你会发现，生活中很多有意思的事情都可以靠它来解决，其流程如图 1-1 所示。

2. 人工智能简介

对于普通大众来说，可能是近些年才对其有所了解，其实人工智能在几十年以前就被学者提出并得到一定程度的发展，伴随着大数据技术的迅猛发展而被引爆。

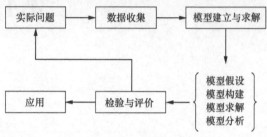

▲图 1-1　数学建模流程

（1）人工智能的诞生

最初的人工智能其实是 20 世纪 30 至 50 年代初一系列科学研究进展交汇的产物。1943 年，沃伦·麦卡洛克（Warren McCulloch）和瓦尔特·皮茨（Walter Pitts）首次提出"神经网络"概念。1950 年，阿兰·图灵（Alan Turing）提出了著名的"图灵测试"，即如果一台机器能够与人类展开对话（通过电传设备）而不能被辨别出其机器身份，那么称这台机器则具有智能。直到如今，图灵测试仍然是人工智能的重要测试手段之一。1951 年，马文·明斯基（Marvin Minsky）与他的同学一起建造了第一台神经网络机，并将其命名为 SNARC（Stochastic Neural Analog Reinforcement Calculator）。不过，这些都只是前奏，一直到 1956 年的达特茅斯会议，"Artificial Intelligence"（人工智能）这个词才被真正确定下来，并一直沿用至今，这也是目前 AI 诞生的一个标志性事件。

▲图 1-2　达特茅斯会议参会者 50 年后聚首照[①]

在 20 世纪 50 年代，人工智能相关的许多实际应用一般是从机器的"逻辑推理能力"开始着手研究。然而对于人类来说，更高级的逻辑推理的基础是"学习能力"和"规划能力"，我们现在管它叫"强化学习"与"迁移学习"。可以想象，"逻辑推理能力"在一般人工智能系统中不能起到根本的、决定性的作用。当前，在数据、运算能力、算法模型、多元应用的共同驱动下，人工智能的定义正从用计算机模拟人类智能，演进到协助引导提升人类智能，如图 1-3 所示。

（2）人工智能的概念

人工智能（Artificial Intelligence），英文缩写为 AI，它是研究开发用于模拟、延伸和扩展

---

① 达特茅斯会议参会者 50 年后再聚首，左起：Trenchard More、John McCarthy、Marvin Minsky、Oliver Selfridge 和 Ray Solomonoff（摄于 2006 年），图片版权归原作者所有。

人的智能的理论、方法、技术及应用系统的一门新的技术科学。它企图了解智能的实质，并生产出一种新的能以人类智能相似的方式做出反应的智能机器，该领域的研究包括机器人、语言识别、图像识别、自然语言处理和专家系统等。

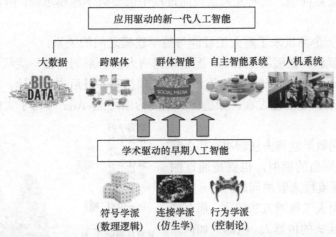

▲图 1-3　下一代人工智能（图片来源《新一代人工智能发展白皮书》）

人工智能从诞生以来，理论和技术日益成熟，应用领域也不断扩大，可以设想，未来人工智能带来的科技产品，将会是人类智慧的"容器"，也可能超过人的智能。

（3）人工智能、机器学习、深度学习

下面我们来介绍下主要与人工智能相关的几个概念，要搞清它们的关系，最直观的表述方式就是同心圆，如图 1-4 所示，最先出现的是理念，然后是机器学习，当机器学习繁荣之后就出现了深度学习，今天的人工智能大爆发是由深度学习驱动的。

人工智能（AI）、机器学习（ML）、深度学习（DL）的关系为 DL⊆ML⊆AI。

人工智能，即 AI 是一个宽泛的概念，人工智能的目的就是让计算机能够像人一样思考。机器学习是人工智能的分支，它是人工智能的重要核心，是使计算机具有智能的根本途径，其应用遍及人工智能的各个领域。深度学习是机器学习研究中的一个新领域，推动了机器学习的发展，并拓展了

▲图 1-4　AI、机器学习、深度学习的关系

人工智能的领域范围。甚至有观点认为，深度学习可能就是实现未来强 AI 的突破口。

可以把人工智能比喻成孩子大脑，机器学习是让孩子去掌握认知能力的过程，而深度学习是这个过程中很有效率的一种教学体系。

因此可以这样概括：人工智能是目的、结果；深度学习、机器学习是方法、工具。

本书讲解了人工智能、机器学习、深度学习的相关应用，它们之间的关系，常见的机器学习算法等知识，希望你通过对本书的学习，深刻理解这些概念，并可以轻而易举地给别人讲解。

3. 数学建模与人工智能关系

无论是数学建模还是人工智能，其核心都是算法，最终的目的都是通过某种形式来更好地为人类服务，解决实际问题。在研究人工智能过程中需要数学建模思维，所以数学建模对于人工智能非常关键。

下面通过模拟一个场景来了解人工智能与数学建模之间的关系。

某患者到医院就诊，在现实生活中，医生根据病人的一系列体征与症状，判断病人患了什么病。医生会亲切地询问患者的症状，通过各种专项检查，最后进行确诊。在人工智能下，则考虑通过相应算法来实现上述过程，如德国的辅助诊断产品 Ada 学习了大量病例来辅助提升医生诊病的准确率。

情景①：如果用数学建模方法解决，那么就通过算法构建一个恰当的模型，也就是通过图1-1 所示的数学建模流程来解决问题。

情景②：如果用人工智能方法解决，那么就要制造一个会诊断疾病的机器人。机器人如何才能精准诊断呢？这就需要利用人工智能技术手段，比如采用一个"人工智能"算法模型，可能既用了机器学习算法，也用了深度学习算法，不管怎样，最终得到的是一个可以落地的疾病预测人工智能解决方案。让其具有思考、听懂、看懂、逻辑推理与运动控制能力，如图 1-5 所示。

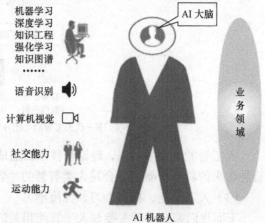

▲图 1-5　AI 机器人

通过上面的例子可以看出，人工智能离不开数学建模。在解决一个人工智能的问题过程中，我们将模型的建立与求解进行了放大，以使其结果更加精准，如图 1-6 所示。

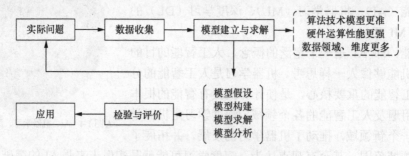

▲图 1-6　AI 下对数学建模的流程修正

可见，从数学建模的角度去学习人工智能不失为一种合适的方法。

1.1.2　数学建模中的常见问题

美国数学建模竞赛（Mathematical Contest in Modeling，MCM）从 1985 年开始一直发展至

今。中国大学生数学建模竞赛开展也有 20 余年，已逐渐成熟起来。下面我们通过历年赛题来了解到底什么是数学建模，数学建模可以解决哪些问题，如表 1-1 所示。

表 1-1　　　　　　　　　　　　　　　　数学建模竞赛题目

年份	赛题	题目	题目简述
1998	A	投资的收益和风险	市场上面有 n 种投资，某公司如何投资
	B	灾情巡视路线	某地受灾，给出最佳巡视路线
1999	A	自动化车床管理	连续加工零件，检查是否出现故障
	B	钻井布局	勘探部门在某地区找矿，如何利用旧井节约费用
2000	A	DNA 序列分类问题	分析生老病死及遗传进化的 DNA 信息
	B	钢管订购和运输问题	铺设一条天然气的主管路，使费用最小
2001	A	血管三维重建	计算管道的中轴线与半径
	B	公交车调度	设计便于操作的全天的公交车调度方案
2002	A	车灯线光源的优化设计	在某一设计规范标准下确定线光源的长度
	B	彩票中的数学	分析彩票吸引彩民的因素，并构建新的彩票算法
2003	A	SARS 的传播	搜集 SARS 数据，建立数学模型进行预测
	B	露天矿生产的车辆安排	计算出一个班次生产计划的快速算法
2004	A	奥运会临时超市网点设计	合理设计奥运会临时超市的网点位置
	B	电力市场的输电阻塞管理	核心为输电阻塞的电力市场交易与调度一体化管理
2005	A	长江水质的评价和预测	对长江近两年多的水质情况做出定量的综合评价
	B	DVD 在线租赁	DVD 预测、购买和分配
2006	A	出版社的资源配置问题	合理分配出版社资源达到利润最大化
	B	HIV 病毒问题	预测 HIV 病毒治疗效果
2007	A	中国人口增长预测	预测人口增长的中短期和长期趋势
	B	乘公交，看奥运	公交线路选择问题
2008	A	数码相机定位	建立并给出两部固定相机相对位置的数学模型和算法
	B	高等教育学费标准探讨	对几类学校或专业的学费标准定量分析
2009	A	制动器试验台的控制方法分析	电动机驱动电流的计算机控制方法
	B	眼科病床的合理安排	评价病床安排模型的优劣
2010	A	储油罐的变位识别与罐容表标定	储油罐的变位识别与罐容表标定方法
	B	2010 年上海世博会影响力的定量评估	建立数学模型，定量评估 2010 年上海世博会的影响力
2011	A	城市表层土壤重金属污染分析	城市表层土壤重金属污染分析
	B	交巡警服务平台的设置与调度	巡警服务平台警力合理的调度方案
2012	A	葡萄酒的评价	对葡萄酒质量的判别
	B	太阳能小屋的设计	光伏电池的优化铺设
2013	A	车道被占用对城市道路通行能力的影响问题	分析突发事故对道路通行能力的影响
	B	碎纸片拼接复原问题	建立碎纸片拼接复原模型和算法
2014	A	嫦娥三号软着陆轨道设计与控制策略	确定嫦娥三号在 6 个阶段的最优控制策略。
	B	创意平板折叠桌	折叠桌数学描述及设计
2015	A	太阳影子定位	分析太阳影子变化，确定视频拍摄的地点和日期
	B	"互联网+"时代的出租车资源配置	分析租车供求匹配，设计补贴方案并论证合理性

续表

年份	赛题	题目	题目简述
2016	A	系泊系统的设计	设计算法，获得满意的系泊系统设计方案
	B	小区开放对道路通行的影响	小区道路开放对缓解交通拥堵压力的评估
2017	A	CT 系统参数标定及成像	CT 系统安装存在误差，通过算法缩小误差，提高精度
	B	拍照赚钱任务定价	App 用户领取拍照任务，分析任务定价规律
2018	A	高温作业专用服装设计	利用数学模型来确定假人皮肤外侧的温度变化情况
	B	智能 RGV 动态调度策略	通过数学模型对一个智能加工系统做动态调度策略

通过表 1-1 可以看出，数学建模竞赛中需要通过数学建模解决的问题涉及互联网、医疗、交通等多方面，下面选取部分题目，从常见问题进行更加深入的剖析。

1. 分类问题

分类问题解决的是目标对象属于哪个预定义的类。举个例子，判断一条评论是好评还是差评就是一个分类问题。

分类，是数学建模中最常用的方法之一，分类一般分为二分类（二值问题）或者是多分类问题。

2000 年全国大学生数学建模竞赛 A 题就是一个典型的分类问题，原题目如下。

2000 年 A 题　DNA 序列分类

2000 年 6 月，人类基因组计划中 DNA 全序列草图完成，预计 2001 年可以完成精确的全序列图，此后人类将拥有一本记录着自身生老病死及遗传进化的全部信息的"天书"。这本大自然写成的"天书"是由 4 个字符——A、T、C 和 G——按一定顺序排成的长约 30 亿字符的序列，其中没有"断句"也没有标点符号，除了这 4 个字符表示 4 种碱基以外，人们对它包含的"内容"知之甚少，难以读懂。破译这部世界上最巨量信息的"天书"是 21 世纪人类最重要的任务之一。研究 DNA 全序列结构，以及这 4 个字符排成的看似随机的序列中隐藏着的规律，是解读这部天书的基础，是生物信息学（Bioinformatics）最重要的课题之一。

虽然人类对这部"天书"知之甚少，但也发现了 DNA 序列中的一些规律性和结构。例如，在全序列中有一些用于编码蛋白质的序列片段，即由这 4 个字符组成的 64 种不同的 3 字符串，其中大多数用于编码构成蛋白质的 20 种氨基酸。又例如，在不用于编码蛋白质的序列片段中，A 和 T 的含量特别多，于是以某些碱基特别丰富作为特征去研究 DNA 序列的结构也取得了一些结果。此外，利用统计的方法还发现序列的某些片段之间具有相关性，等等。这些发现让人们相信，DNA 序列中存在着局部的和全局性的结构，充分发掘序列的结构对理解 DNA 全序列是十分有意义的。目前，在这项研究中最普通的思想是省略序列的某些细节，突出特征，然后将其表示成适当的数学对象。这种被称为粗粒化和模型化的方法，往往有助于研究规律性和结构。

作为研究 DNA 序列的结构的尝试，提出以下对序列集合进行分类的问题。

（1）下面有 20 个已知类别的人工制造的序列（见下页），其中序列标号 1～10 为 A 类，

11～20 为 B 类。请从中提取特征，构造分类方法，并用这些已知类别的序列，衡量你的方法是否足够好。然后用你认为满意的方法，对另外 20 个未标明类别的人工序列（标号 21～40）进行分类，用序号（按从小到大的顺序）标明结果的类别（无法分类的不写入）：

A 类＿＿＿＿＿；B 类＿＿＿＿＿。

请详细描述你的方法，给出计算程序。如果你使用了某些现成的分类方法，也要将方法名称准确注明。

（2）在数据文件 Nat-model-data 中给出了 182 个自然 DNA 序列，它们都较长。用你的分类方法对它们进行分类，并给出分类结果。

提示：衡量分类方法优劣的标准是分类的正确率。构造分类方法有许多途径，例如提取序列的某些特征，给出它们的数学表示：几何空间或向量空间的元素等，然后再选择或构造适合这种数学表示的分类方法；又例如构造概率统计模型，然后用统计方法分类。

2. 评价问题

以 2005 年全国大学生数学建模竞赛 A 题《长江水质的评价和预测》为例，这是一个典型的评价问题，原题目如下。

2005 年 A 题　长江水质的评价和预测

水是人类赖以生存的资源，保护水资源就是保护我们自己，对于我国大江大河水资源的保护和治理应是重中之重。专家们呼吁："以人为本，建设文明和谐社会，改善人与自然的环境，减少污染。"

长江是我国第一、世界第三大河流，长江水质的污染程度日趋严重，已引起了相关政府部门和专家们的高度重视。2004 年 10 月，由全国政协与中国发展研究院联合组成"保护长江万里行"考察团，从长江上游宜宾到下游上海，对沿线 21 个重点城市做了实地考察，揭示了一幅长江污染的真实画面，其污染程度让人触目惊心。为此，专家们提出"若不及时拯救，长江生态 10 年内将濒临崩溃"，并发出了"拿什么拯救癌变长江"的呼唤。

附件 3 给出了长江沿线 17 个观测站（地区）近两年多主要水质指标的检测数据，以及干流上 7 个观测站近一年多的基本数据（站点距离、水流量和水流速）。通常认为一个观测站（地区）的水质污染主要来自于本地区的排污和上游的污水。一般说来，江河自身对污染物都有一定的自然净化能力，即污染物在水环境中通过物理降解、化学降解和生物降解等，使水中污染物的浓度降低。反映江河自然净化能力的指标被称为降解系数。事实上，长江干流的自然净化能力可以认为是近似均匀的，根据检测可知，主要污染物高锰酸盐指数和氨氮的降解系数通常介于 0.1～0.5 之间，比如可以考虑取 0.2（单位：L/天）。附件 4 是"1995～2004 年长江流域水质报告"给出的主要统计数据。下面的附表是国标（GB3838-2002）给出的《地表水环境质量标准》中 4 个主要项目标准限值，其中Ⅰ、Ⅱ、Ⅲ类为可饮用水。

请你们研究下列问题。

（1）对长江近两年多的水质情况做出定量的综合评价，并分析各地区水质的污染状况。

（2）研究、分析长江干流近一年多主要污染物高锰酸盐指数和氨氮的污染源主要在哪些地区？

（3）假如不采取更有效的治理措施，依照过去 10 年的主要统计数据，对长江未来水质污染的发展趋势做出预测分析，比如研究未来 10 年的情况。

（4）根据你的预测分析，如果未来 10 年内每年都要求长江干流的Ⅳ类和Ⅴ类水的比例控制在 20% 以内，且没有劣Ⅴ类水，那么每年需要处理多少污水？

（5）你对解决长江水质污染问题有什么切实可行的建议和意见。

3. 预测问题

2006 年全国大学生数学建模竞赛 B 题《艾滋病疗法的评价及疗效的预测》，这是一个典型的预测问题，原题目如下。

2006 年 B 题　艾滋病疗法的评价及疗效的预测

艾滋病是当前人类社会最严重的瘟疫之一，从 1981 年发现以来的 20 多年间，它已经吞噬了近 3000 万人的生命。

艾滋病的医学全名为"获得性免疫缺损综合症"，英文简称 AIDS，它是由艾滋病毒（医学全名为"人体免疫缺损病毒"，英文简称 HIV）引起的。这种病毒破坏人的免疫系统，使人体丧失抵抗各种疾病的能力，从而严重危害人的生命。人类免疫系统的 CD4 细胞在抵御 HIV 的入侵中起着重要作用，当 CD4 被 HIV 感染而裂解时，其数量会急剧减少，HIV 将迅速增加，导致 AIDS 发作。

艾滋病治疗的目的，是尽量减少人体内 HIV 的数量，同时产生更多的 CD4，至少要有效地降低 CD4 减少的速度，以提高人体免疫能力。

迄今为止，人类还没有找到能根治 AIDS 的疗法，目前的一些 AIDS 疗法不仅对人体有副作用，而且成本也很高。许多国家和医疗组织都在积极试验、寻找更好的 AIDS 疗法。

现在得到了美国艾滋病医疗试验机构 ACTG 公布的两组数据。ACTG320（见附件 1）是同时服用 zidovudine（齐多夫定）、lamivudine（拉美夫定）和 indinavir（茚地那韦）3 种药物的 300 多名病人每隔几周测试的 CD4 和 HIV 的浓度（每毫升血液里的数量）。193A（见附件 2）是将 1300 多名病人随机地分为 4 组，每组按下述 4 种疗法中的一种服药，大约每隔 8 周测试的 CD4 浓度（这组数据缺 HIV 浓度，它的测试成本很高）。4 种疗法的日用药分别为：600mg zidovudine 或 400mg didanosine（去羟基苷），这两种药按月轮换使用；600 mg zidovudine 加 2.25 mg zalcitabine（扎西他滨）；600 mg zidovudine 加 400 mg didanosine；600 mg zidovudine 加 400 mg didanosine，再加 400 mg nevirapine（奈韦拉平）。

请你完成以下问题。

（1）利用附件 1 的数据，预测继续治疗的效果，或者确定最佳治疗终止时间（继续治疗指在测试终止后继续服药，如果认为继续服药效果不好，则可选择提前终止治疗）。

（2）利用附件 2 的数据，评价 4 种疗法的优劣（仅以 CD4 为标准），并对较优的疗法预测继续治疗的效果，或者确定最佳治疗终止时间。

（3）艾滋病药品的主要供给商对不发达国家提供的药品价格如下：600mg zidovudine 1.60 美元，400mg didanosine 0.85 美元，2.25 mg zalcitabine 1.85 美元，400 mg nevirapine 1.20 美元。

如果病人需要考虑 4 种疗法的费用，对（2）中的评价和预测（或者提前终止）有什么改变。

4. TSP 问题

旅行商问题（Traveling Salesman Problem，TSP），是数学领域中的著名问题之一。2015 全国研究生数学建模竞赛 F 题《旅游路线规划问题》就是一个典型的 TSP 问题，原题目如下。

2015 年 F 题　旅游路线规划问题

旅游活动正在成为全球经济发展的重要动力之一，它加速国际资金流转和信息、技术管理的传播，创造高效率消费行为模式、需求和价值等。随着我国国民经济的快速发展，人们生活水平得到很大提升，越来越多的人积极参与有益于身心健康的旅游活动。

附件 1 提供了国家旅游局公布的 201 个 5A 级景区名单，一位自驾游爱好者拟按此景区名单制定旅游计划。该旅游爱好者每年有不超过 30 天的外出旅游时间，每年外出旅游的次数不超过 4 次，每次旅游的时间不超过 15 天；基于个人旅游偏好确定了在每个 5A 级景区最少的游览时间（见附件 1）。基于安全考虑，行车时间限定于每天 7:00 至 19:00 之间，每天开车时间不超过 8 小时；在每天的行程安排上，若安排全天游览则开车时间控制在 3 小时内，安排半天景点游览，开车时间控制在 5 小时内；在高速公路上的行车平均速度为 90 公里/小时，在普通公路上的行车平均速度为 40 公里/小时。该旅游爱好者计划在每一个省会城市至少停留 24 小时，以安排专门时间去游览城市特色建筑和体验当地风土人情（不安排景区浏览）。景区开放时间统一为 8:00 至 18:00。请考虑下面问题。

（1）在行车线路的设计上采用高速优先的策略，即先通过高速公路到达与景区邻近的城市，再自驾到景区。附件 1 给出了各景区到相邻城市的道路和行车时间参考信息，附件 2 给出了国家高速公路相关信息，附件 3 给出了若干省会城市之间高速公路路网相关信息。请设计合适的方法，建立数学模型，以该旅游爱好者的常住地在西安市为例，规划设计旅游线路，试确定游遍 201 个 5A 级景区至少需要几年？给出每一次旅游的具体行程（每一天的出发地、行车时间、行车里程、游览景区；若有必要，其他更详细表达请另列附件）。

（2）随着各种旅游服务业的发展，出行方式还可以考虑乘坐高铁或飞机到达与景区相邻的省会城市，而后采用租车的方式自驾到景区游览（租车费用 300 元/天，油费和高速过路费另计，租车和还车需在同一城市）。此种出行方式可以节省一些路途时间用于景区游览或休闲娱乐，但这种出行方式也会给旅游者带来一些不便，有时费用也会增加。该旅游爱好者根据个人旅游偏好确定在每一个景区最长逗留时间不超过附件 1 给出的最少时间的 2 倍。附件 4 给出了若干城市之间的高铁票价和相关信息（约定：选择高铁出行要求当天乘坐高铁的时间不超过 6 个小时，乘坐高铁或飞机的当天至多安排半天的景区游览）；附件 5 给出了若干省会城市之间的机票全价价格信息（含机场建设费）。该旅游爱好者一家 3 人同行，综合考虑前述全程自驾、先乘坐高铁或飞机到达省会城市后再租车自驾到景区等出行方式（住宿费简化为省会城市和旅游景区 200 元/人·天，地级市 150 元/人·天，县城 100 元/人·天；高速公路的油耗加过路费平均为 1 元/公里，普通公路上油耗平均为 0.6 元/公里；附件 1 中给出了各景区所在地的信息，若景区位于某城市市区或近郊，则这类景区的市内交通费用已计入住宿费中，不再另计），建

9

立数学模型设计一个十年游遍所有 201 个 5A 景区、费用最优、旅游体验最好的旅游线路，给出每一次旅游的具体线路（含每次具体出行方式；每一天的出发地、费用、路途时间、游览景区、每个景区的游览时间）。

（3）能否在第二问所建立的模型基础上加以推广，可以为全国的自驾游爱好者规划设计类似的旅游线路，进而给出常住地在北京市的自驾游爱好者的十年旅游计划；根据上述三问的结果给旅游爱好者和旅游有关部门提出建议。

（4）自 2007 年 3 月 7 日至 2015 年 7 月 13 日，全国旅游景区质量等级评定委员会分 29 批共批准了 201 家景区为国家 5A 级旅游景区。附件 6 是从国家旅游局官网上收集的国家 5A 级旅游景区评定的相关信息，附件 7 给出了国家旅游局官网上收集的国家 4A 级景区名单，请更为合理地规划该旅游爱好者的十年旅游计划。

5. 最优化问题

以 2000 年全国大学生数学建模竞赛 B 题《钢管订购和运输》为例，这是一个典型的最优化问题，原题目如下。

2000 年 B 题　钢管订购和运输

要铺设一条 $A_1 \rightarrow A_2 \rightarrow \cdots \rightarrow A_{15}$ 的输送天然气的主管道，如图 1-7 所示。经筛选后可以生产这种主管道钢管的钢厂有 $S_1, S_2, \cdots, S_7$。图中粗线表示铁路，单细线表示公路，双细线表示要铺设的管道（假设沿管道或者原来有公路，或者建有施工公路），圆圈表示火车站，每段铁路、公路和管道旁的阿拉伯数字表示里程（单位为 km）。

为方便计算，1km 主管道钢管称为 1 单位钢管。

一个钢厂如果承担制造这种钢管，至少需要生产 500 个单位。钢厂 S_i 在指定期限内能生产该钢管的最大数量为 S_i 个单位，钢管出厂销价 1 单位钢管为 p_i 万元，如表 1-2 所示。

表 1-2　　　　　　　　　　　　《钢管订购和运输》题目原表

i	1	2	3	4	5	6	7
S_i	800	800	1000	2000	2000	2000	3000
p_i	160	155	155	160	155	150	160

1000km 以上每增加 1km 至 100km 运价增加 5 万元。

公路运输费用为 1 单位钢管每公里 0.1 万元（不足整公里部分按整公里计算）。

钢管可由铁路、公路运往铺设地点（不只是运到点 $A_1, A_2, \cdots, A_{15}$，而是管道全线）。

（1）请制定一个主管道钢管的订购和运输计划，使总费用最小（给出总费用）。

（2）请就（1）的模型分析：哪个钢厂钢管的销价的变化对购运计划和总费用影响最大，哪个钢厂钢管的产量的上限的变化对购运计划和总费用的影响最大，并给出相应的数字结果。

（3）如果要铺设的管道不是一条线，而是一个树形图，铁路、公路和管道构成网络，请就这种更一般的情形给出一种解决办法，并对图 1-8 按（1）的要求给出模型和结果。

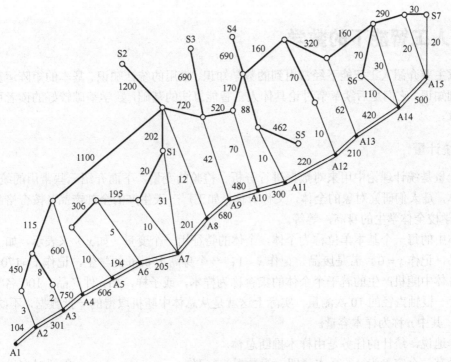

▲ 图 1-7 《钢管订购和运输》题目原图一

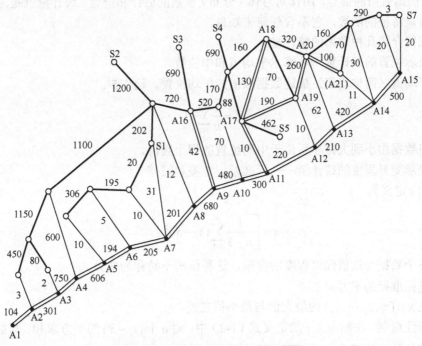

▲ 图 1-8 《钢管订购和运输》题目原图二

1.2　人工智能下的数学

本章主要介绍人工智能下经常用到的数学知识、常用的统计知识、基本的矩阵运算和高等数学基础知识，它们是后续章节讨论具体人工智能算法的基础，数学基础较好的读者可以直接跳过本章。

1.2.1　统计量

统计量是统计理论中用来对数据进行分析、检验的变量，下面介绍一些常用的统计量。

总体，是人们研究对象的全体，又称母体，如工厂一天生产的全部产品（按合格品及废品分类）、学校全体学生的身高，等等。

总体中的每一个基本单位称为个体，个体的特征用一个变量（如 x）来表示，如一件产品是合格品，记作 $x=0$，若是废品，记作 $x=1$；一个身高 170cm 的学生，记作 $x=170$。

从总体中随机产生的若干个个体的集合称为样本，或子样，如 n 件产品、100 名学生的身高，或者一根轴直径的 10 次测量。实际上这就是从总体中随机取得的一批数据，不妨记作 x_1，$x_2,\cdots,x_n$，其中 n 称为样本容量。

简单地说，统计的任务是由样本推断总体。

假设有一个容量为 n 的样本（即一组数据），记作 $x=(x_1,x_2,\cdots,x_n)$，需要对它进行一定的加工，才能提出有用的信息，用作对总体（分布）参数的估计和检验。统计量就是加工出来的、反映样本数量特征的函数，它不含任何未知量。

下面我们介绍几种常用的统计量。

（1）表示位置的统计量——算术平均值和中位数

算术平均值（简称均值）描述数据取值的平均位置，记作 $\bar{x}$。

$$\bar{x}=\frac{1}{n}\sum_{i=1}^{n}x_i \tag{1-1}$$

中位数是将数据由小到大排序后位于中间位置的那个数值。

（2）表示变异程度的统计量——标准差、方差和极差

标准差 s 定义为：

$$s=\left[\frac{1}{n-1}\sum_{i=1}^{n}(x_i-\bar{x})^2\right]^{\frac{1}{2}} \tag{1-2}$$

它是各个数据与均值偏离程度的度量，这种偏离不妨称为变异。

方差是标准差的平方 s^2。

极差是 $x=(x_1,x_2,\cdots,x_n)$ 的最大值与最小值之差。

你可能注意到，在标准差 s 的定义式（1-2）中，对 n 个 $(x_i-\bar{x})$ 的平方求和，却被 $(n-1)$ 除，这是出于无偏估计的要求。

（3）中心矩、表示分布形状的统计量——偏度和峰度

随机变量 x 的 r 阶中心矩为 $E(x-E(x))^r$。随机变量 x 的偏度和峰度，指的是 x 的标准化变量 $(x-E(x))/\sqrt{D(x)}$ 的三阶中心矩和四阶中心矩，如下所示：

$$v_1 = E\left[\left(\frac{x-E(x)}{\sqrt{D(x)}}\right)^3\right] = \frac{E\left[\left(x-E(x)\right)^3\right]}{\left(D(x)\right)^{3/2}}$$

$$v_2 = E\left[\left(\frac{x-E(x)}{\sqrt{D(x)}}\right)^4\right] = \frac{E\left[\left(x-E(x)\right)^4\right]}{\left(D(x)\right)^2}$$

偏度反映分布的对称性，$v_1 > 0$ 称为右偏态，此时位于均值右边的数据比位于左边的数据多；$v_1 < 0$ 称为左偏态，情况相反；而 v_1 接近 0，则可认为分布是对称的。

峰度是分布形状的另一种度量，正态分布的峰度为 3，若 v_2 比 3 大得多，表示分布有沉重的尾巴，说明样本中含有较多远离均值的数据，因而峰度可以用作衡量偏离正态分布的尺度之一。

1.2.2 矩阵概念及运算

为了理解人工智能下的相关算法原理，需要了解一些高等数学与线性代数的知识，如果想把学术论文上的算法用代码实现，需要你有比较好的数学基础。本节介绍人工智能中比较常用的矩阵知识。

1. 矩阵概念

在算法场景中，我们经常提及几阶矩阵，也经常在函数方法中使用，一般关键字涉及 matrix、array 时，多是在处理矩阵形式。下面通过现实中的一个案例进行讲解。

在生产活动和日常生活中，我们常用数表表示一些量或关系，如工厂中的产量统计表、市场上的价目表，等等。例如，有某户居民第二季度每个月水（单位：吨）、电（单位：千瓦时）、天然气（单位：立方米）的使用情况，可以用一个 3 行 3 列的数表来表示：

$$\begin{array}{ccc} \text{水} & \text{电} & \text{气} \end{array}$$

$$\begin{array}{c} 4\text{月} \\ 5\text{月} \\ 6\text{月} \end{array} \begin{bmatrix} 9 & 165 & 14 \\ 10 & 190 & 15 \\ 10 & 210 & 16 \end{bmatrix}$$

由上面例子可以看到，对于不同的问题可以用不同的数表来表示，我们将这些数表统称为矩阵。有 $m×n$ 个数，排列成一个 m 行 n 列，并以中括号（或小括号）表示如下。

$$\begin{bmatrix} a_{11} & a_{12} & \cdots & a_{1n} \\ a_{21} & a_{22} & \cdots & a_{2n} \\ \vdots & \vdots & & \vdots \\ a_{m1} & a_{m2} & \cdots & a_{mn} \end{bmatrix}$$

我们将其称为 m 行 n 列矩阵，简称 $m \times n$ 矩阵。矩阵通常用大写字母 A、B、C……表示。记作：

$$A = \left[a_{ij} \right]_{m \times n}$$

其中 $a_{ij}(i = 1, 2, \cdots, m; j = 1, 2, \cdots, n)$ 称为矩阵 A 的第 i 行第 j 列元素。特别地，当 $m = 1$ 时，即：

$$A = \begin{bmatrix} a_{11} & a_{12} & \cdots & a_{1n} \end{bmatrix}$$

我们称其为行矩阵，又称行向量。当 $n = 1$ 时，即：

$$A = \begin{bmatrix} a_{11} \\ a_{21} \\ \vdots \\ a_{m1} \end{bmatrix}$$

我们称其为列矩阵，又称列向量。当 $m = n$ 时，即：

$$A = \begin{bmatrix} a_{11} & a_{12} & \cdots & a_{1n} \\ a_{21} & a_{22} & \cdots & a_{2n} \\ \vdots & \vdots & & \vdots \\ a_{n1} & a_{n2} & \cdots & a_{nn} \end{bmatrix}$$

我们称其为 n 阶矩阵，或 n 阶方阵。

下面我们来介绍两种特殊的矩阵形式。

（1）零矩阵

零矩阵常常用于在算法中构建一个空矩阵，其形式如下：

$$O_{3 \times 4} = \begin{bmatrix} 0 & 0 & 0 & 0 \\ 0 & 0 & 0 & 0 \\ 0 & 0 & 0 & 0 \end{bmatrix}$$

所有元素全为 0 的 $m \times n$ 矩阵，称为零矩阵，记作：$O_{m \times n}$ 或 O。

（2）单位矩阵

单位矩阵往往在运算中担任"1"的作用，其形式如下：

$$E_2 = \begin{bmatrix} 1 & 0 \\ 0 & 1 \end{bmatrix}, \quad E_3 = \begin{bmatrix} 1 & 0 & 0 \\ 0 & 1 & 0 \\ 0 & 0 & 1 \end{bmatrix}$$

对角线上的元素是 1，其余元素全部是 0 的 n 阶矩阵，我们称其为 n 阶单位矩阵，记作：I_n 或 I。

2. 矩阵的运算

（1）矩阵的相等

如果两个矩阵 $A = \left[a_{ij} \right]_{m \times n}$ 和 $B = \left[b_{ij} \right]_{s \times p}$ 满足以下。

1）行、列数相同，即 $m=s, n=p$。

2）对应元素相等，即 $a_{ij}=b_{ij}$（$i=1,2,\cdots,m$；$j=1,2,\cdots,n$），则称矩阵 A 与矩阵 B 相等，记作：$A=B$。

由定义 2 可知，用等式表示两个 $m\times n$ 矩阵相等，等价于元素之间的 $m\times n$ 个等式，例如：

$$A=\begin{bmatrix} a_{11} & a_{12} & a_{13} \\ a_{21} & a_{22} & a_{23} \end{bmatrix}$$

$$B=\begin{bmatrix} 3 & 0 & -5 \\ -2 & 1 & 4 \end{bmatrix}$$

那么 $A=B$，当且仅当：

$$a_{11}=3,\ a_{12}=0,\ a_{13}=-5,\ a_{21}=-2,\ a_{22}=1,\ a_{23}=4$$

而：

$$C=\begin{bmatrix} c_{11} & c_{12} \\ c_{21} & c_{22} \end{bmatrix}$$

因为 B 和 C 这两个矩阵的列数不同，所以无论矩阵 C 中的元素 c_{11}、c_{12}、c_{21}、c_{22} 取什么数都不会与矩阵 B 相等。

（2）加法

设 $A=\left[a_{ij}\right]_{m\times n}$ 和 $B=\left[b_{ij}\right]_{s\times p}$ 是两个 $m\times n$ 矩阵，则称矩阵：

$$C=\begin{bmatrix} a_{11}+b_{11} & a_{12}+b_{12} & \cdots & a_{1n}+b_{1n} \\ a_{21}+b_{21} & a_{22}+b_{22} & \cdots & a_{2n}+b_{2n} \\ \vdots & \vdots & & \vdots \\ a_{m1}+b_{m1} & a_{m2}+b_{m2} & \cdots & a_{mn}+b_{mn} \end{bmatrix}$$

为 A 与 B 的和，记作：

$$C=A+B=\left[a_{ij}+b_{ij}\right]$$

由定义可知，只有行数、列数分别相同的两个矩阵，才能做加法运算。

同样，我们可以定义矩阵的减法：

$$D=A-B=A+(-B)=\left[a_{ij}-b_{ij}\right]$$

我们称 D 为 A 与 B 的差。

（3）数乘

设矩阵 $A=\left[a_{ij}\right]_{m\times n}$，$\lambda$ 为任意实数，则称矩阵 $C=\left[c_{ij}\right]_{m\times n}$ 为数 λ 与矩阵 A 的数乘，其中 $c_{ij}=\lambda a_{ij}$（$i=1,2,\cdots,m; j=1,2,\cdots n$），记作：$C=\lambda A$。

由定义可知，数 λ 乘一个矩阵 A，需要用数 λ 去乘矩阵 A 的每一个元素。特别是当 $\lambda=-1$ 时，$\lambda A=-A$，得到 A 的负矩阵。

（4）乘积

设 $A=\begin{bmatrix}a_{ij}\end{bmatrix}$ 是一个 $m\times s$ 矩阵，$B=\begin{bmatrix}b_{ij}\end{bmatrix}$ 是一个 $s\times n$ 矩阵，则称 $m\times n$ 矩阵 $C=\begin{bmatrix}c_{ij}\end{bmatrix}$ 为矩阵 A 与 B 的乘积，记作：$C=AB$。其中 $c_{ij}=a_{i1}b_{1j}+a_{i2}b_{2j}+\cdots+a_{is}b_{sj}=\sum\limits_{k=1}^{s}a_{ik}b_{kj}$（$i=1, 2, \cdots, m$；$j=1, 2, \cdots, n$）。

由乘积的定义可得如下结论。

- 只有当左矩阵 A 的列数等于右矩阵 B 的行数时，A 和 B 才能做乘法运算 AB。
- 两个矩阵的乘积 AB 亦是矩阵，它的行数等于左矩阵 A 的行数，它的列数等于右矩阵 B 的列数。
- 乘积矩阵 AB 中的第 i 行第 j 列的元素等于 A 的第 i 行元素与 B 的第 j 列对应元素的乘积之和，故简称其为行乘列的法则。

（5）转置

把将一个 $m\times n$ 矩阵的行和列按顺序互换得到的 $n\times m$ 矩阵，称为 A 的转置矩阵，记作 A'：

$$A=\begin{bmatrix}a_{11}&a_{12}&\cdots&a_{1n}\\a_{21}&a_{22}&\cdots&a_{2n}\\\vdots&\vdots&&\vdots\\a_{m1}&a_{m2}&\cdots&a_{mn}\end{bmatrix}$$

$$A'=\begin{bmatrix}a_{11}&a_{21}&\cdots&a_{m1}\\a_{12}&a_{22}&\cdots&a_{m2}\\\vdots&\vdots&&\vdots\\a_{1n}&a_{2n}&\cdots&a_{mn}\end{bmatrix}$$

由定义可知，转置矩阵 A' 的第 i 行第 j 列的元素，等于矩阵 A 的第 j 行第 i 列的元素，简记为：

$$A'\text{ 的}(i,j)\text{元 }=A\text{ 的}(j,i)\text{元}$$

矩阵的转置满足下列运算规则：

$$(A')'=A$$
$$(A+B)'=A'+B'$$
$$(kA)'=kA'，（k\text{ 为实数}）$$
$$(AB)'=B'A'$$

1.2.3　概率论与数理统计

1. 事件与随机变量

（1）互斥事件与对立事件

互斥事件与对立事件相对来说比较好理解：不可能同时发生的叫互斥事件，其中必有一个

发生的互斥事件叫对立事件。如果用概率的形式表示，事件 A 与事件 B 互斥，则表示为
$P(A \cup B) = P(A) + P(B)$。对于事件 A 与事件 B 对立，
即 $P(B)=1-P(A)$。彼此之间的关系如图 1-9 所示，即对立
事件一定是互斥事件，互斥事件不一定是对立事件。

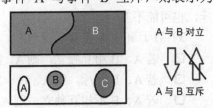
▲图 1-9 事件 A 与事件 B 之间关系

（2）独立事件与互斥事件

独立事件与互斥事件是概率学中的两个基础
概念，也是容易混淆的概念，本章将结合一个实
例，来阐述这两个概念的关系。

抛掷一颗骰子，记 A 为"落地向上的数为奇数"事件，B 为"落地向上的数为偶数"事件，C 为"落地向上的数为 3 的倍数"事件，D 为"落地向上的数为大于 3 的数"事件，E 为"落地向上的数为 7"事件。判断下列每对事件是否为互斥事件？是否为对立事件？是否为相互独立事件？（1）A 与 B（2）A 与 C（3）B 与 C（4）A 与 D（5）A 与 E

答：根据一颗骰子所存在的点数，整理如下。

$$A = \{1,3,5\}, B = \{2,4,6\}, C = \{3,6\}, D = \{4,5,6\}, E = \{7\}$$

$$P(A) = \frac{1}{2}, P(B) = \frac{1}{2}, P(C) = \frac{1}{3}, P(D) = \frac{1}{2}, P(E) = 0,$$

$$P(AB) = 0, P(AC) = \frac{1}{6}, P(BC) = \frac{1}{6}, P(AD) = \frac{1}{6}, P(AE) = 0$$

最终得到的结论如表 1-3 所示。

表 1-3　　　　　　　　　　　抛掷骰子结论表

	互斥	对立	相互独立
A 与 B	是	是	不
A 与 C	不	不	是
B 与 C	不	不	是
A 与 D	不	不	不
A 与 E	是	不	是

通过上面的案例，我们可以归纳得到以下 3 点结论。

1）对于事件 A 和 B，若它们所含结果组成的集合彼此互不相交，则它们为互斥事件，其意义为事件 A 与 B 不可能同时发生。

2）对于事件 A 和 B，若 $P(AB) = P(A)P(B)$，则 A 和 B 为相互独立事件，其意义为事件 A（或 B）发生时，事件 B（或 A）发生的概率没有影响。从集合角度看，若 $P(A) \neq 0$，$P(B) \neq 0$，则事件 A 和 B 所包含的结果一定相交。

3）若 A 和 B 为相互独立事件，则 A 与 $\overline{B}$、$\overline{A}$ 与 B、$\overline{A}$ 与 $\overline{B}$ 均为相互独立事件，事件 $\overline{A} \cdot B, A \cdot \overline{B}, \overline{A} \cdot \overline{B}$ 为互斥事件。

对立事件与互斥之间存在着如下关系。

1）对于事件 A 和 B，若 A、B 至少一个为不可能事件，则 A、B 一定互斥，也一定相互独立。

2）对于事件 A 和 B，若 $P(A)$、$P(B)$ 至少一个为 0，则 A、B 一定相互独立，A,B 可能互斥，也可能不互斥。

3）对于事件 A 和 B，若 $P(A)$、$P(B)$ 都不为 0：

❑ 若 A、B 相互独立，则 A、B 一定不互斥；

❑ 若 A、B 互斥，则 A、B 一定不相互独立；

❑ 若 A、B 不相互独立，则 A、B 可能互斥也可能不互斥；

❑ 若 A、B 不互斥，则 A、B 可能独立也可能不独立。

（3）随机变量

概率论是从数量上来研究随机现象内在规律性，为了更方便有效地研究随机现象，要用到数学分析方法。为了便于数学上的推导和计算，需将任意的随机事件数量化，当把一些非数量表示的随机事件用数字来表示时，就建立起了随机变量的概念。图 1-10 是随机变量的划分，在 AI 项目中，一般主要集中在离散型与连续型变量间做研究。

离散型是指随机变量所取的可能值是有限多个或无限可列个，其变量叫作离散型随机变量。

连续型是指随机变量所取的可能值可以连续地充满某个区间，其变量叫作连续型随机变量。

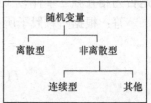

▲图 1-10　随机变量的划分

2. 常用的概率分布

这里介绍 4 种常用的概率分布，在第 12 章中将会用到其中 3 种。

（1）伯努利分布

伯努利分布是一个离散型分布，为纪念瑞士科学家詹姆斯·伯努利（James Bernoulli）而命名，通常记作 X～Bernoulli(p)。在介绍伯努利分布前，首先需要引入伯努利试验（Bernoulli trial）。伯努利试验是只有两种可能结果的单次随机试验，例如，伯努利分布的典型例子是扔一次硬币的概率分布：硬币正面朝上的概率 p，而硬币反面朝上的概率为 q。

伯努利分布（Bernoulli distribution）是两点分布或 0～1 分布的特殊情况，即它的随机变量只取 $x=0$（失败）或者 $x=1$（成功），各自的概率分别为 $1-p$ 和 p。

其概率质量函数为：

$$f(x) = p^x(1-p)^x = \begin{cases} p & ,x=1 \\ 1-p & ,x=0 \\ 0 & ,其他 \end{cases}$$

其数学期望等于 p，方差等于 $p(1-p)$。

（2）二项分布

二项分布是 n 重伯努利分布。在同一条件下重复 n 次独立的试验，每次试验只有两个对立结果，A 发生或者不发生，设在 A 发生的概率为 p，不发生的概率为 $1-p$。这时，在 n 次独立试验中，A 出现的次数 k 是一个随机变量，且有：

$$P(X=k)=c_n^k p^k (1-p)^{n-k}, k=0,1,2,\cdots,n$$

则称该分布为二项分布，记作 $X \sim B(n,p)$。二项分布的数学期望和方差分别为 np 和 $np(1-p)$。

（3）多项式分布

把二项扩展为多项就得到了多项分布，通常记作 $X \sim \text{Multinomial}(n,p)$。比如扔骰子，不同于扔硬币，骰子有 6 个面，对应 6 个不同的点数，这样单次每个点数朝上的概率都是 $\dfrac{1}{6}$（对应 $p_1 \sim p_6$，它们的值不一定都是 $\dfrac{1}{6}$，只要和为 1 且互斥即可，比如一个形状不规则的骰子），重复扔 n 次，有 k 次都是点数 6 朝上的概率就是：

$$P(X=k)=C_n^k p_6^k (1-p_6)^{n-k}, k=0,1,2,\cdots,n$$

以上介绍的都是离散型的概率分布。

（4）高斯分布

高斯分布（Gaussian distribution）又名正态分布（Normal distribution），是一个在数学、物理及工程等领域都非常重要的连续型随机变量概率分布，在统计学的许多方面有着重大的影响力。

若随机变量 X 服从一个数学期望为 μ、标准方差为 σ 的高斯分布，记作 $X \sim N(\mu,\sigma^2)$。

$$f(x)=\frac{1}{\sigma\sqrt{2\pi}}\mathrm{e}^{\frac{(x-\mu)^2}{2\sigma^2}}$$

高斯分布是现实生活中最为常见的分布形态，也是我们在使用朴素贝叶斯模型中最为常用的分布。

1.2.4 高等数学——导数、微分、不定积分、定积分

学习人工智能技术，高等数学知识是绕不开的。高等数学中的微积分，包含微分学和积分学两部分，而导数和微分是微分学的核心概念。导数反映了函数相对于自变量变化的快慢程度，微分则指明了当自变量有微小变化时，函数大体上变化了多少，即函数的局部改变量的估值。对于积分学，这里我们简单介绍不定积分和定积分，本小节在一元函数微积分下主要讨论相关常见知识点的概念、性质以及计算方法。这些入门知识为非数学专业的 IT 工程师准备，以方便从业者了解相关知识点，掌握其彼此之间的区别与联系。

下面在一元函数微积分下来介绍各个知识点。

1. 导数与导函数

（1）函数在一点处的导数

设函数 $y=f(x)$ 在点 x_0 的某邻域 $U(x_0,\delta)$ 内有定义，自变量 x 在 x_0 处取得增量 Δx，且 $x_0+\Delta x \in U(x_0,\delta)$ 时，函数取得相应的增量 $\Delta y=f(x_0+\Delta x)-f(x_0)$，如果极限：

$$\lim_{\Delta x \to 0}\frac{\Delta y}{\Delta x}=\lim_{\Delta x \to 0}\frac{f(x_0+\Delta x)-f(x_0)}{\Delta x}$$

存在，那么称函数 $y=f(x)$ 在点 x_0 可导，并称此极限值为函数 $y=f(x)$ 在点 x_0 的导数，记作 $f'(x_0)$、$y'\big|_{x=x_0}$、$\dfrac{dy}{dx}\bigg|_{x=x_0}$、$\dfrac{df(x)}{dx}\bigg|_{x=x_0}$，即 $f'(x_0)=\lim\limits_{\Delta x\to0}\dfrac{f(x_0+\Delta x)-f(x_0)}{\Delta x}$。

（2）单侧导数

导数是由函数的极限来定义的，因为极限存在左、右极限，所以以导数也存在左、右导数的定义。

设函数 $y=f(x)$ 在点 x_0 的某左邻域内有定义，当自变量 x 在点 x_0 左侧取得增量 Δx 时，如果极限 $\lim\limits_{\Delta x\to0^-}\dfrac{f(x_0+\Delta x)-f(x_0)}{\Delta x}$ 或 $\lim\limits_{x\to x_0^-}\dfrac{f(x)-f(x_0)}{x-x_0}$ 存在，则称此极限值为 $y=f(x)$ 在点 x_0 的左导数，记作 $f_-'(x_0)$。

$$f_-'(x_0)=\lim_{\Delta x\to0^-}\frac{f(x_0+\Delta x)-f(x_0)}{\Delta x}=\lim_{x\to x_0^-}\frac{f(x)-f(x_0)}{x-x_0}$$

设函数 $y=f(x)$ 在点 x_0 的某右邻域内有定义，当自变量 x 在点 x_0 右侧取得增量 Δx 时，如果极限 $\lim\limits_{\Delta x\to0^+}\dfrac{f(x_0+\Delta x)-f(x_0)}{\Delta x}$ 或 $\lim\limits_{x\to x_0^+}\dfrac{f(x)-f(x_0)}{x-x_0}$ 存在，则称此极限值为 $y=f(x)$ 在点 x_0 的右导数，记作 $f_+'(x_0)$。

$$f_+'(x_0)=\lim_{\Delta x\to0^+}\frac{f(x_0+\Delta x)-f(x_0)}{\Delta x}=\lim_{x\to x_0^+}\frac{f(x)-f(x_0)}{x-x_0}$$

（3）导函数

若函数 $y=f(x)$ 在区间 I（可以是开区间、闭区间或半开半闭区间）上可导，且对于任意的 $x\in I$，都对应着一个导数值 $f'(x)$，其是自变量 x 的新函数，则称 $f'(x)$ 为 $y=f(x)$ 在区间 I 上的导函数，记作 $f'(x)$、y'、$\dfrac{df(x)}{dx}$、$\dfrac{dy}{dx}$。

$$f'(x)=\lim_{\Delta x\to0}\frac{f(x+\Delta x)-f(x)}{\Delta x}\ \text{或}\ f'(x)=\lim_{h\to0}\frac{f(x+h)-f(x)}{h}$$

注：

（1）在导函数的定义式中，虽然 x 可以取区间 I 上的任意值，但在求极限的过程中，x 是常数，Δx 和 h 是变量。

（2）导函数也简称为导数，只要没有指明是特定点的导数时，所说的导数都是指导函数。显然函数 $f(x)$ 在点 x_0 处的导数 $f'(x_0)$ 就是导函数 $f'(x)$ 在点 x_0 处的函数值，即：

$$f'(x_0)=f'(x)\big|_{x=x_0}$$

2. 微分

设函数 $y=f(x)$ 在某区间内有定义，x_0 及 $x_0+\Delta x$ 在此区间内，如果函数的增量：

$$\Delta y = f(x_0 + \Delta x) - f(x_0)$$

可表示为：

$$\Delta y = A\Delta x + o(\Delta x)$$

其中，A 是不依赖于 Δx 的常数，那么称函数 $y = f(x)$ 在点 x_0 是可微的，而 $A\Delta x$ 叫作函数 $y = f(x)$ 在点 x_0 相应于自变量增量 Δx 的微分，记作：

$$\mathrm{d}y\big|_{x=x_0} = A\Delta x \ \text{或} \ \mathrm{d}f(x_0) = A\Delta x$$

3. 微分与导数的关系

定理：函数 $y = f(x)$ 在点 x_0 可微的充要条件是函数 $y = f(x)$ 在点 x_0 可导，且当 $y = f(x)$ 在点 x_0 可微时，其微分一定是 $\mathrm{d}y\big|_{x=x_0} = f'(x_0)\Delta x$。

根据微分的定义和上述定理可得以下结论。

（1）函数 $y = f(x)$ 在点 x_0 处的微分就是当自变量 x 产生增量 Δx 时，函数 y 的增量 Δy 的主要部分（此时 $A = f'(x_0) \neq 0$）。由于 $\mathrm{d}y = A\Delta x$ 是 Δx 的线性函数，故称微分 $\mathrm{d}y$ 是 Δy 的线性主部。当 $|\Delta x|$ 很微小时，$o(\Delta x)$ 更加微小，从而有近似等式 $\Delta y \approx \mathrm{d}y$。

（2）函数 $y = f(x)$ 的可导性与可微性是等价的，故求导法又称微分法。但导数与微分是两个不同的概念，导数 $f'(x_0)$ 是函数 $f(x)$ 在 x_0 处的变化率，其值只与 x 有关；而微分 $\mathrm{d}y\big|_{x=x_0}$ 是函数 $f(x)$ 在 x_0 处增量 Δy 的线性主部，其值既与 x 有关，也与 Δx 有关。

函数 $y = f(x)$ 在任意点 x 处的微分，称为函数的微分，记作 $\mathrm{d}y$ 或 $\mathrm{d}f(x)$，即：

$$\mathrm{d}y = \mathrm{d}f(x) = f'(x)\Delta x$$

通常把自变量 x 的增量 Δx 称为自变量的微分，记作 $\mathrm{d}x$，即 $\mathrm{d}x = \Delta x$。因此，函数 $y = f(x)$ 的微分可以记作：

$$\mathrm{d}y = f'(x)\mathrm{d}x \ \text{或} \ \mathrm{d}f(x) = f'(x)\mathrm{d}x$$

从而有：

$$\frac{\mathrm{d}y}{\mathrm{d}x} = f'(x) \ \text{或} \ \frac{\mathrm{d}f(x)}{\mathrm{d}x} = f'(x)$$

因此，函数 $y = f(x)$ 的微分 $\mathrm{d}y$ 与自变量的微分 $\mathrm{d}x$ 之商等于该函数的导数。

以上介绍的是一元函数微积分，相对于一元函数微积分，多元函数的情况要更加复杂，这里就不做过多介绍了。值得注意的是，偏微分和全微分的关系是，全微分等于偏微分之和。

4. 不定积分

不定积分的概念：有 $f(x)$，$x \in I$，若存在函数 $F(x)$，使得对任意 $x \in I$ 均有 $F'(x) = f(x)$ 或 $\mathrm{d}F(x) = f(x)\mathrm{d}x$，则称 $F(x)$ 为 $f(x)$ 的一个原函数。

$f(x)$ 的全部原函数称为 $f(x)$ 在区间 I 上的不定积分，记作：

$$\int f(x)\mathrm{d}x = F(x) + C$$

注：

（1）若 $f(x)$ 连续，则必可积。

（2）若 $F(x)$ 和 $G(x)$ 均为 $f(x)$ 的原函数，则 $F(x) = G(x) + C$。故不定积分的表达式不唯一。

不定积分主要有以下 3 点性质，以方便计算求解。

性质 1：$\dfrac{\mathrm{d}}{\mathrm{d}x}\Big[\int f(x)\mathrm{d}x\Big] = f(x)$ 或 $\mathrm{d}\Big[\int f(x)\mathrm{d}x\Big] = f(x)\mathrm{d}x$。

性质 2：$\int F'(x)\mathrm{d}x = F(x) + C$ 或 $\int \mathrm{d}F(x) = F(x) + C$。

性质 3：$\int [\alpha f(x) \pm \beta g(x)]\mathrm{d}x = \alpha \int f(x)\mathrm{d}x \pm \beta \int g(x)\mathrm{d}x$，$\alpha$ 和 β 为非零常数。

不定积分的计算方法有换元法、分部积分法等，这里不做过多介绍。下面给出一个通过凑微分法求解过程，仅供参考。

求解 $\int \mathrm{e}^{3t}\mathrm{d}t$。

解：$\int \mathrm{e}^{3t}\mathrm{d}t = \dfrac{1}{3}\int \mathrm{e}^{3t}\mathrm{d}(3t) = \dfrac{1}{3}\mathrm{e}^{3t} + C$

5. 定积分

设函数 $y = f(x) \in C[a, b]$，且 $y = f(x) > 0$。由曲线 $y = f(x), x = a, x = b, y = 0$ 围成的图形称为曲边梯形，如何定义曲边梯形的面积？

答：将曲边梯形分割为许多细长条，分割得越细，误差越小。第 i 个细长条面积 $\Delta S_i \approx f(\xi_i)\Delta x_i$ （$\forall \xi_i \in [x_{i-1}, x_i]$，$\Delta x_i = x_i - x_{i-1}$），曲边梯形面积为 $S \approx \sum\limits_{i=1}^{n} f(\xi_i)\Delta x_i$。

$$S = \lim_{\lambda \to 0} \sum_{i=1}^{n} f(\xi_i)\Delta x_i \quad (\lambda = \max\{\Delta x_i, i = 1, 2, \cdots, n\})$$

抛开上述过程的几何意义，将其数学过程定义为定积分。

如图 1-11 所示，设 $y = f(x)$ 在 $[a, b]$ 有定义，且有界。

（1）分割：用分点 $a = x_0 < x_1 < \cdots < x_n = b$ 把 $[a, b]$ 分割成 n 个小区间。

$$[x_{i-1}, x_i], \quad i = 1, 2, \cdots, n$$

$$记 \Delta x_i = x_i - x_{i-1}, \quad \lambda = \max\{\Delta x_i, \quad i = 1, 2, \cdots, n\}$$

（2）取点：在每个小区间 $[x_{i-1}, x_i]$ 上任取一点 ξ_i，作为乘积 $f(\xi_i)\Delta x_i$。

（3）求和：$\sum\limits_{i=1}^{n} f(\xi_i)\Delta x_i$。

（4）取极限：$\lim\limits_{\lambda \to 0} \sum\limits_{i=1}^{n} f(\xi_i)\Delta x_i$。

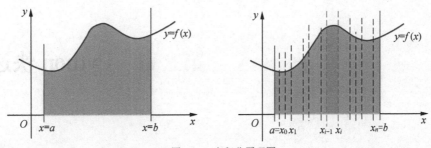

▲图 1-11 定积分原理图

若极限存在，则其为 $f(x)$ 在 $[a,b]$ 上的定积分，记作 $\int_a^b f(x)\mathrm{d}x$ ，即 $\int_a^b f(x)\mathrm{d}x = \lim_{\lambda \to 0} \sum_{i=1}^n f(\xi_i)\Delta x_i$

$[a,b]$ 为积分区间，a 为积分下限，b 为积分上限，$\sum_{i=1}^n f(\xi_i)\Delta x_i$ 为积分和式。

6. 牛顿-莱布尼茨公式

定理：若 $f(x)$ 在 $[a,b]$ 上连续，$F(x)$ 是 $f(x)$ 的一个原函数，则

$$\int_a^b f(x)\mathrm{d}x = F(b) - F(a)$$

证明：$F(x)$ 是 $f(x)$ 的一个原函数，$\Phi(x) = \int_a^x f(t)\mathrm{d}t$ 也是 $f(x)$ 的一个原函数，同一个函数的两个原函数之间相差一个常数，于是有

$$\int_a^x f(t)\mathrm{d}t - F(x) = C \Rightarrow \int_a^x f(x)\mathrm{d}x = F(x) + C$$

$$\Rightarrow \begin{cases} \int_a^b f(x)\mathrm{d}x = F(b) + C \\ \int_a^a f(x)\mathrm{d}x = F(a) + C = 0 \Rightarrow C = -F(a) \end{cases}$$

$$\Rightarrow \int_a^b f(x)\mathrm{d}x = F(b) - F(a)$$

$$\int_a^b f(x)\mathrm{d}x = F(b) - F(a) \overset{\text{记作}}{=} \big[F(x)\big]_a^b \overset{\text{记作}}{=} \int f(x)\mathrm{d}x \bigg|_a^b$$

下面给出一个求解案例。

求解 $\int_{-2}^{-1} \frac{1}{x}\mathrm{d}x$ 。

解：$\int_{-2}^{-1} \frac{1}{x}\mathrm{d}x = \Big[\ln|x|\Big]_{-2}^{-1} = -\ln 1 - \ln 2 = 0 - \ln 2 = -\ln 2$

在一元函数情况下，求微分实际上是求一个已知函数的导函数，而求积分是求已知导函数的原函数，所以微分与积分互为逆运算。

第 2 章　Python 快速入门

Python 是谁？

你可能已经听说过很多种流行的编程语言，比如非常难学的 C 语言，非常流行的 Java 语言，可视化效果非常好的 R 语言，适合科学计算的 Matlab，等等。Python 也是一种计算机程序设计语言，于 1991 年发布，至今已经发展成为最受欢迎的编程语言之一。

2.1　安装 Python

2.1.1　Python 安装步骤

虽然可以通过其官网安装 Python，但本书推荐直接安装 Anaconda。Anaconda 是 Python 的科学计算环境，内置 Python 安装程序，其安装方法简单，并且配置了众多的科学计算包。Anaconda 支持多种操作系统（Windows、Linux 和 Mac），集合了上百种的常用 Python 包，如 NumPy、Pandas、SciPy 和 Matplotlib 等。安装 Anaconda 时，这些包也会被一并安装，同时兼容 Python 多版本，支持多版本共存。

1. 在 Windows 系统中安装 Anaconda

首先我们先从 Anaconda 官网下载对应自己系统版本的 Anaconda，具体下载界面如图 2-1 所示。

▲图 2-1　Anaconda 下载界面

以 64 位 Windows 10 操作系统为例，下载对应版本的安装文件即可。这里要说明的是，本书的所有案例都是基于 Anaconda 的 Python 来完成的。

下载完成后，按照提示进行安装，如图 2-2 所示，安装完成之后如图 2-3 所示。运行开始菜单中的 Anaconda Prompt，输入命令 conda list，效果如图 2-4 所示，表示安装成功！

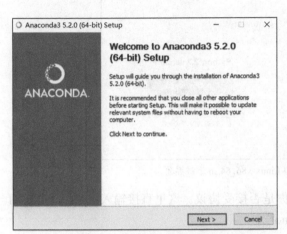

▲图 2-2　Anaconda 安装界面

▲图 2-3　开始菜单中的 Anaconda3

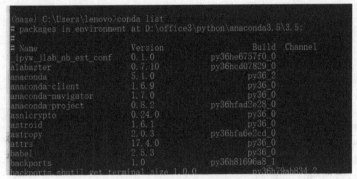

▲图 2-4　conda list 返回结果

2. 在 Linux 系统中安装 Anaconda

当前选取的 Linux 环境是 CentOS 6.5，其他环境安装方法仿照 Anaconda 官方操作进行安装。首先到下载 Linux 版本的 Anaconda3-5.2.0-Linux-x86_64.sh 界面，如图 2-5 所示。

下载完成之后进入文件下载目录，打开终端，根据版本输入下面的安装执行命令：

```
$ bash Anaconda3-5.2.0-Linux-x86_64.sh
```

输入完成之后得到的结果如下所示：

```
Welcome to Anaconda3 5.2.0
```

```
In order to continue the installation process, please review the license agreement.
Please, press ENTER to continue
    >>>
```

▲图 2-5　Anaconda3-5.2.0-Linux-x86_64.sh 下载界面

　　按照提示，按回车键，接下来，它会提示你是否接受协议。这里直接输入"yes"，再按回车键即可（不要直接按回车键，这样默认是"no"）。

```
Do you accept the license terms? [yes|no]
[no] >>> Please answer 'yes' or 'no':'
    >>>
```

　　选择"yes"，之后进入配置路径。

```
Anaconda3 will now be installed into this location:
/home/fileservice/anaconda3

    - Press ENTER to confirm the location
    - Press CTRL-C to abort the installation
    - Or specify a different location below
[/home/fileservice/anaconda3]
    >>>
```

　　这里输入"yes"，选择加入环境变量进行安装。继续按照提示操作，这里问你是否需要为 Anaconda 配置环境变量，如果选择"no"，需要到安装完成的 Anaconda3/bin 目录下才能执行 Anaconda 以及其他附属命令。

```
installation finished.
Do you wish the installer to prepend the Anaconda3 install location
to PATH in your /home/fileservice/.bashrc ? [yes|no]
[no] >>>
```

　　如果 Anaconda 的版本比较新（5.1 以上），在安装完成后会提示你是否需要安装 Microsoft

VSCode 这款编辑工具。由于配置其他编辑器会浪费过多时间，一般我在这里选择"yes"，安装 VSCode。

```
Thank you for installing Anaconda3!
===================================================================
Anaconda is partnered with Microsoft! Microsoft VSCode is a streamlined
code editor with support for development operations like debugging, task
running and version control.

To install Visual Studio Code, you will need:
  - Administrator Privileges
  - Internet connectivity

Visual Studio Code License: https://code.visualstudio.com/license

Do you wish to proceed with the installation of Microsoft VSCode? [yes|no]
>>>
```

在命令行输入 Python3 命令，验证是否安装成功：

```
$ python3
```

显示结果如下所示，Python 环境已经自动由 Anaconda 托管，以后就再也不用担心 Python 的包依赖问题啦！

```
Python 3.5.2 (default, Nov 17 2016, 17:05:23)
[GCC 5.4.0 20160609] on linux
Type "help", "copyright", "credits" or "license" for more information.
>>>
```

2.1.2　IDE 的选择

如果说编程是程序员的手艺，那么 IDE 就是程序员的"饭碗"了。

IDE 的全称是 Integration Development Environment（集成开发环境），一般以代码编辑器为核心，包括一系列外围组件和附属功能。一个优秀的 IDE，最重要的就是提供针对特定语言的各种快捷编辑功能，让程序员尽可能快捷、舒适、清晰地浏览、输入和修改代码。对于一个现代的 IDE 来说，语法着色、错误提示、代码折叠、代码完成、代码块定位、重构，与调试器、版本控制系统（VCS）的集成等都是重要的功能。以插件、扩展系统为代表的可定制框架，是现代 IDE 的另一个流行趋势。IDE 并非功能越多越好，因为更多的功能往往意味着更高的复杂度，这不但会分散程序员的精力，而且还可能带来更多的错误。用最合适的工具做最合适的事情，因此只要基本功能满足需要，而且符合自己的使用习惯，那么它就是一款好的 IDE。正因为如此，比起大而全的 IDE，以单纯的文本编辑器结合独立的调试器、交互式命令行等外部小工具也是另一种开发方式。由于 Python 本身的简洁性，因此在写小的代码片段以及通过示例代码学习时，这种方式尤其适合。

Anaconda 自带 Spyder。安装好 Python 后，我们需要选择适合自己的 IDE 来学习，虽然利用 Python 默认的编辑器，或者直接文档编辑也可以进行基础的学习，但总归不是太方便。能够开发 Python 项目的 IDE 很多，如 sublime text、PyCharm。本书代码均在 PyCharm 下完成。

2.2　Python 基本操作

2.2.1　第一个小程序

世界上的第一个程序是"Hello World"，由 Brian Kernighan 创作，其中文意思是"你好，世界"。对于大多数程序语言，第一个入门编程代码便是"Hello World"。例 2-1 代码为使用 Python 输出"Hello World"。

【例 2-1】Hello World 程序

输入：

```
#!usr/bin/env python
#这是一个注释
print("Hello World")
```

输出：

```
Hello World
```

例 2-1 是一个 print 的例子，它并不会真的印什么东西在纸上，而是在屏幕上显示出 Hello World。有些人以 Hello World 程序的简洁性来判断一种程序语言的品质，以这个标准来看，Python 几乎做到了尽善尽美。

2.2.2　注释与格式化输出

1. 注释

在大多数编程语言中，注释是一项很有用的功能。源代码的注释供人阅读，而不是供计算机执行，注释用自然语言告诉你某段代码的功能是什么。随着程序版本的更迭，程序越来越复杂，就应在其中添加说明，对程序所解决问题的方法进行大致的阐述。

每种语言都有其特有注释形式，下面来介绍 Python 中程序的行内注释。

（1）单行注释

在 Python 中，单行注释以井号（#）开头标识，井号后面的内容都会被 Python 解释器忽略，如例 2-2 所示。

【例 2-2】单行注释

输入：

```
# 这是一个注释
```

```
print("Hello, World")
```

（2）多行注释

在 Python 中，多行注释用 3 个单引号（'''）或者 3 个双引号（"""）将注释括起来。用来解释更复杂的代码，如例 2-3 所示。

【例 2-3】多行注释

输入：

```
'''
Created on May 10, 2018
@author: *****
'''
print("Hello, World")
```

使用注释有助于令程序更易于理解，因为即使是你自己编写的程序，如果不加注释，你在以后也可能看不懂。恰当的注释可以使其他人更容易与你在编程项目上合作，并凸显代码的价值。

小贴士：

在 PyCharm 中，选中需要注释的多行代码，然后按快捷键<Ctrl+/>，即可快速注释选中的多行代码。

2. 格式化输出

（1）%操作符

%操作符可以实现字符串格式化。它将左边的参数作为类似 sprintf()的格式化字符串，而将右边的代入，然后返回格式化后的字符串，如例 2-4 与例 2-5 所示。更多的格式化输出形式见表 2-1。

【例 2-4】%操作符

输入：

```
print("%o"% 10)
print("%d"% 10)
print("%f"% 10)
```

输出：

```
12
10
10.000000
```

浮点数输出过程中，经常需要控制保留小数位数，可以在现有格式化输出的基础上进行限制，比如%.2f，保留 2 位小数位；%.2e，保留 2 位小数位，使用科学计数法输出；%.2g，保留 2 位有效数字，使用小数或科学计数法输出。

同时也可以灵活地使用内置的 round() 函数，其函数形式为：

```
round(number, ndigits)
```

参数如下。
- ❑　number：为一个数字表达式。
- ❑　ndigits：表示从小数点到最后四舍五入的位数，默认值为 0。

【例 2-5】浮点数输出

输入：

```
print("%f" % 3.1415926)
```

输出：

```
3.141593
```

输入：

```
print("%.2f" % 3.1415926)
```

输出：

```
3.14
```

输入：

```
print(round(3.1415926,2))
```

输出：

```
3.14
```

表 2-1　　　　　　　　　　　　　格式化输出规则

格　　式	描　　述
%%	百分号标记#就是输出一个%
%c	字符及其 ASCII 码
%s	字符串
%d	有符号整数（十进制）
%u	无符号整数（十进制）
%o	无符号整数（八进制）
%x	无符号整数（十六进制）
%X	无符号整数（十六进制大写字符）
%e	浮点数字（科学计数法）
%E	浮点数字（科学计数法，用 E 代替 e）
%f	浮点数字（用小数点符号），默认保留小数点后面 6 位有效数字

格式	描述
%g	浮点数字（根据值的大小采用%e 或%f）
%G	浮点数字（类似于%g）
%p	指针（用十六进制打印值的内存地址）
%n	存储输出字符的数量放进参数列表的下一个变量中

（2）format 格式化字符串

format 是 Python 2.6 版本中新增的一个格式化字符串的方法，相对于老版的%格式方法，它有很多优点，也是官方推荐使用的方式，%方式将会被后面的版本淘汰。该函数把字符串当成一个模板，通过传入的参数进行格式化，并且使用大括号{}作为特殊字符代替%。

1）通过位置来填充

通过位置来填充，format 会把参数按位置顺序来填充到字符串中，第一个参数是 0，然后是 1，不带编号，即{}，通过默认位置来填充字符串，见例 2-6。

【例 2-6】format 按位置输出

输入：

```
print("{} {}".format("hello","world"))
```

输出：

```
hello world
```

输入：

```
print("{0} {0} {1}".format("hello","world"))
```

输出：

```
hello hello world
```

同一个参数可以填充多次，这是 format 比%先进的地方。

2）通过索引

后面章节会讲到，列表、元组在程序中经常用到的最基本的数据结构是序列（sequence），当需要传递序列给 format 时，通过索引即可映射传递，如例 2-7 所示。

【例 2-7】format 索引输出

输入：

```
str="hello"
list=["hello","world" ]
tuple=("hello","world")
print("{0[1]}".format(str))
print("{0[0]},{0[1]}".format(list))
print("{0[0]},{0[1]}".format(tuple))
```

输出：

```
e
hello,world
hello,world
```

输入：

```
print("{p[1]}".format(p=str))
print("{p[0]},{p[1]}".format(p=list))
print("{p[0]},{p[1]}".format(p=tuple))
```

输出：

```
e
hello,world
hello,world
```

3）通过字典的 key

在 Python 中，字典的使用频率非常之高，其经常由 JSON 类型转化得到。同时随着人工智能的发展，越来越多的数据需要字典类型的支持，比如 MongoDB 数据的形式就可以看成一种字典类型，还有推荐算法中的图算法也经常应用 key-value 形式来描述数据。format 通过 key 形式输出，如例 2-8 所示。

【例 2-8】format 字典形式输出

输入：

```
Tom = {'age':27, 'gender': 'M'}
print("{0[age]}".format(Tom))
print("{p[gender]}".format(p=Tom))
```

输出：

```
27
M
```

4）通过对象的属性

format 还可以通过对象的属性进行输出操作，如例 2-9 所示。

【例 2-9】format 通过对象属性输出

输入：

```
class Person:
    def __init__(self,name,age):
        self.name = name
        self.age = age

    def __str__(self):
        return '{self.name} is {self.age} years old'.format
```

```
(self=self)

print(Person('Tom',18))
```

输出:

```
Tom is 18 years old
```

5) 字符串对齐并且指定对齐宽度

有些时候我们需要输出形式符合某些规则,比如字符串对齐,填充常跟对齐一起使用,符号^、<、>分别是居中、左对齐、右对齐,后面带宽度,冒号后面带填充的字符,只能是一个字符。如果不指定,则默认是用空格填充,如例 2-10 所示。

【例 2-10】字符串对齐并且指定对齐宽度输出

输入:

```
print('默认输出: {},{}'.format('hello','world'))
print('左右各取 10 位对齐: {:10s} , {:>10s}'.format('hello','world'))
print('取 10 位中间对齐: {:^10s},{:^10s}'.format('hello','world'))
print('取 2 位小数: {} is {:.2f}'.format(3.141592,3.141592))
print('数值的千位分割符: {} is {:,}'.format(123456789,1234567890))
```

输出:

```
默认输出: hello,world
左右各取 10 位对齐: hello      ,      world
取 10 位中间对齐:  hello   ,  world
取 2 位小数: 3.141592 is 3.14
数值的千位分割符: 123456789 is 1,234,567,890
```

表 2-2 与表 2-3 分别是整数与浮点数在字符串对齐与指定对齐宽度的案例。

表 2-2 整数规则表

数 字	格 式	输 出	描 述
5	{:0>2}	05	数字补 0(填充左边,宽度为 2)
5	{:x<4}	5xxx	数字补 x(填充右边,宽度为 4)
10	{:x^4}	x10x	数字补 x(填充两侧,宽度为 4)
13	{:10}	13	右对齐(默认,宽度为 10)
13	{:<10}	13	左对齐(宽度为 10)
13	{:^10}	13	中间对齐(宽度为 10)

表 2-3 浮点数规则表

数 字	格 式	输 出	描 述
3.1415926	{:.2f}	3.14	保留小数点后两位
3.1415926	{:+.2f}	+3.14	带符号保留小数点后两位

续表

数　字	格　式	输　出	描　述
−1	{:+.2f}	−1.00	带符号保留小数点后两位
2.71828	{:.0f}	3	不带小数
1000000	{:,}	1,000,000	以逗号分隔的数字格式
0.25	{:.2%}	25.00%	百分比格式
1000000000	{:.2e}	1.00E+09	指数记法
25	{0:b}	11001	转换成二进制
25	{0:d}	25	转换成十进制
25	{0:o}	31	转换成八进制
25	{0:x}	19	转换成十六进制

2.2.3　列表、元组、字典

在 Python 中，最基本的数据结构是序列。Python 包含 6 种内建的序列，即列表、元组、字符串、Unicode 字符串、buffer 对象和 range 对象。序列通用的操作包括：索引、长度、组合（序列相加）、重复（乘法）、分片、检查成员、遍历、最小值和最大值。序列中的每个元素被分配了一个序号，即元素的位置，称为索引。第一个索引是 0，第二个是 1，而倒数第一个元素可以标记为−1，倒数第二个为−2，依次类推。序列的元素可以是之前讲的所有基础数据类型，也可以是另一个序列，还可以是之后我们将要介绍的对象。最常用的序列有两类：元组（tuple）和列表（list）。列表可以修改，而元组不可以修改。

1. 列表

列表由一系列按特定顺序排列的元素组成。你可以创建包含字母表中所有字母、数字 0～9 或所有家庭成员姓名的列表，也可以将任何东西加入列表中，其中的元素之间可以没有任何关系。

（1）初始列表

Python 中，使用方括号[]创建列表，各个元素通过逗号分隔，如下所示：

```
list1 = ['Python','AI']
list2 = [1,2,3,4,3]
list3 = ["p","y","t","h","o","n",['Python','AI']]
```

（2）列表函数和方法

如表 2-4 所示。

表 2-4　　　　　　　　　　列表函数和方法

基 本 操 作	说　　明	示　　例
len(list)	返回列表元素个数	len(list2) ⇒ 5
max(list)	返回列表元素中最大值	max(list2) ⇒ 4

续表

基 本 操 作	说　　明	示　　例
min(list)	返回列表元素最小值	min(list2) ⇒ 1
list.append(obj)	在列表末尾添加新的对象	list2.append('a') ⇒ list2=[1, 2, 3, 4, 3, 'a']
list.count(obj)	统计某个元素在列表中出现的次数	list2.count(3) ⇒ 2
list.extend(seq)	在列表末尾一次性追加另一个序列中的多个值（用新列表扩展原来的列表）	list1.extend(list2) ⇒list1=['Python', 'AI', 1, 2, 3, 4, 3]
list.index(obj)	从列表中找出某个值第一个匹配项的索引位置	list2.index(3) ⇒ 2
list.insert(index, obj)	找到列表中 index 索引位置元素，并在此索引位置插入 obj 到列表中	list2.insert(2,"a") ⇒ list2=[1, 2, 'a', 3, 4, 3]
list.pop([index=-1]])	移除列表中的一个元素（默认最后一个元素），并且返回该元素的值	list2.pop(1) ⇒ list2=[1, 3, 4, 3]
list.remove(obj)	移除列表中某个值的第一个匹配项	list2.remove(3) ⇒ list2= [1, 2, 4, 3]
list.reverse()	反向列表中元素	list2.reverse()⇒list2= [3, 4, 3, 2, 1]
list.sort(cmp=None, key=None, reverse=False)	对原列表进行排序	list2.sort()⇒list2=[1, 2, 3, 3, 4]
list.clear()	清空列表	list2.clear()⇒list2= []
list.copy()	复制列表	list2.copy()⇒[1, 2, 3, 4, 3]

注：如果一个对象本身不是 strascii 或 repr 格式，那么可以使用!s、!a、!r，将其转成 str、ascii 以及 repr。

2. 元组

列表非常适合用于存储在程序运行期间可能变化的数据集。列表是可以修改的，这对处理网站的用户列表或游戏中的角色列表至关重要。然而，有时可能需要创建一系列不可修改的元素，元组便可以满足这种需求。Python 将不能修改的值称为不可变的，而不可变的列表被称为元组。

元组跟列表一样，属于序列的一员，不同的是它是不可变序列，即一旦被定义，其长度和内容就固定了。在 Python 中，使用小括号()创建元组，各个元素通过逗号分隔。

```
tuple1 = ('Python','AI')
tuple2 = (1,2,3,4,3)
tuple3 = "a", "b", "c", "d";   # 不需要括号也可以
```

元组中的元素值是不允许修改与删除的，但我们可以对元组进行连接组合：

```
tup = tuple1 +tuple3 ⇒ tup = ('Python', 'AI', 'a', 'b', 'c', 'd')
```

元组的内置函数参考列表的内置函数即可，即将 list 替换成 tuple，同时列表与元组之间可以互相转化，由列表转化为元组通过 tuple(list)完成，由元组转化为列表通过 list(tuple)完成。

相比于列表，元组是更简单的数据结构。如果需要在程序的整个生命周期内存储一组不变的值，可使用元组。

小贴士：

元组中只包含一个元素时，需要在元素后面添加逗号，否则括号会被当作运算符使用，如 tup1 = (1)和 tup2 = (1)。在 tup1 中没有使用逗号，其类型为 int；tup2 中加上了逗号，其类型为元组。

3. 序列操作

列表和元组同样属于 Python 下的序列，均支持序列操作。下面以列表为例进行说明，见表 2-5。

表 2-5   序列操作

操　作	示　例
索引	list2[0] ⇒1 list2[−1] ⇒3
使用分片访问的是元素基本样式[下限:上限:步长]，默认步长为 1	list2[1:3] ⇒[2, 3] list2[0:3:2] ⇒[1, 3]
赋值	list2[1]=a'' ⇒list2=[1, 'a', 3, 4, 3]
序列相加	list1+list2 ⇒['Python', 'AI', 1, 2, 3, 4, 3]
序列乘法	list1*3　⇒['Python', 'AI', 'Python', 'AI', 'Python', 'AI']
序列的循环调用	for a in list1: 　　print(a) ⇒ Python AI

4. 字典

本节主要介绍能够将相关信息关联起来的 Python 字典。在 Python 中，字典是一系列键-值（key-value）对。每个键都与一个值相关联，你可以使用键来访问与之相关联的值。与键相关联的值可存储任意类型对象，包括数字、字符串、列表甚至字典。事实上，可将任何 Python 对象用作字典中的值。

在 Python 中，字典用大括号{}中的一系列键-值对表示。字典的每个键-值对用冒号分隔，每个对之间用逗号分隔，格式为 dict={key1:value1,key2: value2, key3:value3}，创建字典的实例为 dict1 = {'Name': 'Bob','Age': 21}。

下面来简单列举字典的基本操作，首先对于字典 dict1，访问字典中的元素，获取与键相关联的值，可依次指定字典名和放在方括号内的键，如表 2-6 所示。

表 2-6   字典基本操作

常 见 操 作	说　明	示　例
len(dict)	计算字典元素个数，即键的总数	len(dict1) ⇒2
str(dict)	输出字典，以可打印的字符串表示	str(dict1) ⇒{'gender': 'M', 'Name': 'Bill'}结果类型为字符类型

续表

常见操作	说　明	示　例
dict1[key]	访问字典中键对应的值	dict1['Name'] ⇒ Bob
dict1.get(key)	访问字典中键对应的值	dict1.get("Name" ⇒ Bob
dict1[newkey]=value	为字典增加一项，增加新的键值对	dict1["gender"]='M' ⇒ dict1={'Age': 21, 'gender': 'M', 'Name': 'Bob'}
dict1[key]=newvalue	增加新的键-值对	dict1["Name"]="Bill" ⇒ dict1={'Age': 21, 'gender': 'M', 'Name': 'Bill'}
dict.pop(key [,default])	删除字典给定键所对应的值	dict1.pop("Age") ⇒ {'Name': 'Bill', 'gender': 'M'}
dict1.values()	遍历字典的值，列表返回一个字典所有的值	dict1.values() ⇒ dict_values(['Bill', 'M'])
dict1.keys()	遍历字典的键，列表返回一个字典所有的键	dict1.keys() ⇒ dict_keys(['Name', 'gender'])
dict1.items()	遍历字典的项，以列表返回可遍历的（键、值）元组数组	dict1.items() ⇒ dict_items([('Name', 'Bill'), ('gender', 'M')])
key in dict	如果键在字典 dict 里，返回 True，否则返回 False	'Name' in dict1 ⇒ True
key not in dict	如果键不在字典 dict 里，返回 True，否则返回 False	'Name' not in dict1 ⇒ False

以上列举了常见的字典操作。字典在 Python 中扮演着重要的角色，如果你想成为一名合格的 Python 使用者，不仅需要熟练掌握列表、元组与字典的基本操作，还需要对其比较复杂情况的处理有一定了解。比如在字典操作中出现镶嵌字典形式，只需要依据以上的基本操作进行扩展即可。

🐱小贴士：

在 Python 中，字典中的键必须是唯一的，但值不必唯一。

2.2.4　条件语句与循环语句

1. 条件语句

Python 中的条件语句一般是指 if 语句，if 语句用于改变 Python 程序中的控制流。通过指定条件的真假结果，可以判断要执行哪条语句。Python 中 if 语句的最简单形式如例 2-11 所示。

【例 2-11】if 语句基本形式

```
if condition1:
    statement1
else:
    statement2
```

在 if…else 条件句中，if 条件判断语句所在行和 else 所在行都要以冒号结尾，而执行语句要缩进。从上述基本形式可以看出，condition1 后面有冒号，statement1 所在行有缩进，同时其后面是没有冒号的。如果表达式 condition1 执行结果为 True，接下来执行 statement1 的代码，否则执行 statement2 处代码。如果判断条件有多个，则可以使用 if…elif 语句的形式，确切地说可以有多个 elif 分支，但只有一个 else 分支，else 分支必须位于 if 语句的末尾，即其他 elif 分支不能跟随。见例 2-12 形式，同时为了方便理解，在例 2-13 中给出了具体的案例。

【例 2-12】if 多条件语句

```
if condition1:
    statement1
elif condition2 :
    statement2
…
elif conditionN :
    statementN
else:
    statement
```

【例 2-13】if 多条件案例

输入：

```
num = 3
if num > 0:
    print("正数")
elif num == 0:
    print("零")
else:
    print("负数")
```

输出：

```
正数
```

三元运算符是软件编程中的一个固定格式，Python 的条件语句还有更为简练的方式，所有代码都放置在一行中即可完成条件语句程序，即实现三元运算（三目运算）的过程，其形式见例 2-14，具体案例见例 2-15。

【例 2-14】三元运算

```
[on_true]  if  [expression]  else  [on_false]
```

例 2-14 中表达的语义为：[on_true]是条件表达式为真时的结果，[on_false]是条件表达式为假时的结果。

【例 2-15】三元运算案例

输入：

```
a = 1
b = 2
c = a-b if a>b else a+b
```

```
print(c)
```

输出：

```
3
```

2. 循环语句

许多编程语言必须具有能够重复执行一系列语句的构造。循环调用代码，即重复执行的代码被称为循环的主体。Python 提供两种不同的循环：while 循环和 for 循环。图 2-6 与 2-7 分别为两种循环流程图。

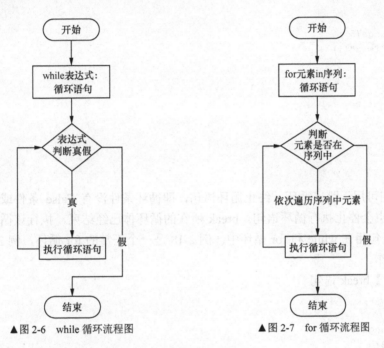

▲图 2-6 while 循环流程图　　　　▲图 2-7 for 循环流程图

在 Python 中，while 循环语句的形式见例 2-16。

【例 2-16】while 循环语句的形式

```
while expression:
    statements
```

statements 可以是单个语句，也可以是语句块；expression 表示判断条件，如果为真，则执行循环体语句。

像 while 循环一样，for 循环也是一种编程语言语句，即迭代语句，它允许代码块重复一定次数。几乎所有编程语言中都存在 for 循环，但其风格各不相同，即语法和语义在不同的编程语言中都是不相同的。在 Python 中，for 循环语句的形式见例 2-17。

【例 2-17】for 循环语句的形式

```
for iterating_var in sequence:
    statements(s)
```

2.2.5　break、continue、pass

在一个完整的工程项目中，经常会以不同形式使用条件控制和循环控制，为了方便灵活地执行代码，需要添加 break、continue、pass 等语句，如例 2-17 所示。

【例 2-18】构建循环

```
#正常执行 for 循环
```

输入：

```
for i in range(5):
    print("i=%d"%i)
```

输出：

```
i=0
i=1
i=2
i=3
i=4
```

break 语句可用于跳出循环，终止循环语句，即循环条件没有 False 条件或者序列还没被完全递归完，也会停止执行循环语句。break 所在的循环体已经结束，执行该循环语句下面的语句。break 语句用在 while 和 for 循环中。例 2-18 是一个正常的 for 循环，例 2-18.1 是 break 跳出循环体操作。

【例 2-18.1】break 语句

输入：

```
for i in range(5):
    if i==3:
        break
    print("i=%d"%i)
```

输出：

```
i=0
i=1
i=2
```

例 2-18 是一个简单的 for 循环，循环 5 次打印出 0、1、2、3、4。例 2-18.1 代码的 for 循环中添加了关键字 break，若 i=3 不成立，则继续循环，否则执行 break 语句，实际上程序只输出了 0、1、2，便跳出循环体，终止循环语句。因此我们可以知道，break 这个关键字的作用是让程序跳出循环体的同时终止循环。

break 是跳出整个循环，而 continue 语句则表示跳出本次循环，用来告诉 Python 停止本次循环，继续执行剩下的循环，即跳过当前循环的剩余语句，然后继续进行下一轮循环。continue 语句用在 while 和 for 循环中。例 2-18 是一个正常的 for 循环，例 2-18.2 是 continue 停止本次循环的操作示例。

【例 2-18.2】continue 语句

输入：

```
for j in range(5):
    if j==3:
        continue
    print("j=%d"%j)
```

输出：

```
i=0
i=1
i=2
j=4
```

与例 2-18.1 代码类似，例 2-18 原有的 for 循环代码基础上添加了关键字 continue。通过运行结果，我们发现本循环中间有一次中断，j=3 没有输出，也就是第四次中断了。但与 break 不同的是，接下去的循环依旧正常进行。由此我们可以知道，continue 的作用是终止本次循环，但不跳出循环，后面的循环正常进行。

Python 中的 pass 是空语句，是为了保持程序结构的完整性。pass 不做任何事情，也就是说它是一个空操作，一般用于占位语句，如例 2-19 所示。

【例 2-19】pass 语句

```
def sample():
    pass
```

例 2-19 定义了一个 sample 函数，该处的 pass 占据一个位置，因为如果定义一个空函数，程序会报错。所以当你没有想好函数的内容时，可以用 pass 填充，以使程序正常运行。

2.3 Python 高级操作

2.3.1　lambda

lambda 关键字在 Python 表达式内创建匿名函数。然而 Python 句法限制了 lambda 函数的定义体，只能使用纯表达式。换句话说，lambda 函数的定义体中不能赋值，也不能使用 while 和 try 等 Python 语句。

Python 使用 lambda 表达式来创建匿名函数。

❑　lambda 只是一个表达式，函数体比 def 简单很多。

- ❑ lambda 的主体是一个表达式，而不是一个代码块，只能在 lambda 表达式中封装有限的逻辑进去。
- ❑ lambda 函数拥有自己的名字空间，且不能访问自有参数列表之外或全局名字空间里的参数。
- ❑ 虽然 lambda 函数看起来只能写一行，却不等同于 C 或 C++ 的内联函数，后者的目的是调用小函数时不占用栈内存，从而提升运行效率。

lambda 函数的一般语法非常简单，形式为：lambda argument_list: expression。

参数由逗号分隔的参数列表组成，表达式是使用这些参数的算术表达式。你可以将该函数分配给一个变量以赋予其名称。例 2-20 中 lambda 函数示例返回其两个参数的总和。

【例 2-20】lambda 函数案例

输入：

```
sum=lambda x,y:x+y
print(sum(3,4))
```

输出：

```
7
```

在例 2-20 中，sum 函数可以通过使用以下常规函数定义来获得相同的效果。

```
def sum(x,y):
    return x + y
```

2.3.2　map

map 是 Python 的高级函数，为函数式编程提供便利，形式为 map(func, *iterables)：第一个参数 func 是一个函数的名字；第二个参数为一个序列（例如一个列表）。map 将函数 func 应用于序列的所有元素。在 Python 3 之前，map 用于返回一个列表，其中结果列表的每个元素都是应用于列表或元组序列相应元素上的 func 结果。在 Python 3 中，map 返回一个迭代器。

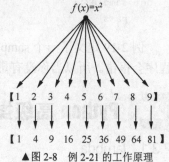

例 2-21 是一个最简单的例子，基于 $f(x)=x^2$，map 作用于 list [1, 2, 3, 4, 5, 6, 7, 8, 9] 后的结果，返回结果仍为 list，其作用原理见图 2-8。

▲图 2-8　例 2-21 的工作原理

【例 2-21】map 示例

输入：

```
seq_list=[1, 2, 3, 4, 5, 6, 7, 8, 9]
F =list(map(lambda x:x**2,seq_list))
print(F)
```

输出：

```
[1, 4, 9, 16, 25, 36, 49, 64, 81]
```

map 可以应用于多个列表，列表不必具有相同的长度。map 会将 lambda 函数应用于参数列表的元素，即它首先应用于具有第 0 个索引的元素，然后应用于具有第一个索引的元素，直到达到第 *n* 个索引，如例 2-22 所示。

【例 2-22】map 应用于多个列表

输入：

```
a = [1,2,3,4]
b = [5,6,7,8]
c = [5,6,7]
ab=list(map(lambda x,y:x + y,a,b))
print(ab)
```

输出：

```
[6, 8, 10, 12]
```

如果一个列表中的元素少于其他元素，则当最短列表消耗完时，map 将停止，具体见例 2-23。

【例 2-23】map 应用于多个列表不同元素情况

输入：

```
a = [1,2,3,4]
b = [5,6,7,8]
c = [5,6,7]
ac=list(map(lambda x,y:x + y,a,c))
print(ac)
```

输出：

```
[6, 8, 10]
```

对比例 2-22 与例 2-23 的输出结果，可以看出 ac 的结果元素个数只有 3 个，而 ab 的结果有 4 个。这表明如果一个列表中的元素少于其他元素，则 map 依据最短列表进行处理。

2.3.3 filter

filter 也是 Python 的高级函数，为函数式编程提供便利。其作用是对序列中的元素进行筛选，最终获取符合条件的序列，其一般形式为 filter(function,iterable)，函数提供了一种优雅的方式来过滤掉序列中的所有元素。

在例 2-24 中，我们先滤出前 11 个斐波那契数列的奇数和偶数元素。

【例 2-24】filter 示例

输入：

```
fibonacci = [0,1,1,2,3,5,8,13,21,34,55]
even_numbers = list(filter(lambda x: x%2==0,fibonacci))
print(even_numbers)
```

输出：

```
[0, 2, 8, 34]
```

小贴士：

在 Python 3 中，reduce() 已经从 Python 的核心中被删除了，Python 2 中的 reduce() 函数也是 Python 内置的一个高阶函数。在 Python 3 中，我们必须导入 functools 才能使用 reduce，下面是对序列内所有元素进行累计操作的代码。

```
from functools import reduce
f = lambda a,b:a if(a> b) else b
print(reduce(f,[47,11,42,102,13]))
```

输出：102

第 3 章　Python 科学计算库 NumPy

为什么要先学习 NumPy？

NumPy 是一个开源的 Python 科学计算库，它是 Python 科学计算库的基础库，许多其他著名的科学计算库如 Pandas、Scikit-learn 等，都要用到 NumPy 库的一些功能。

3.1　NumPy 简介与安装

3.1.1　NumPy 简介

NumPy 是 Python 用于快速处理大型矩阵的科学计算库，NumPy 允许你在 Python 中做向量和矩阵的运算，而且很多底层的函数都是用 C 语言写的，将获得在普通 Python 中无法达到的运行速度。由于矩阵中每个元素的数据类型都是一样的，这也就减少了运算过程中的类型检测。

本书中示例所使用的是 NumPy 1.13.1 版本。

【例 3-1】查看 NumPy 版本

输入：

```
import numpy
print(numpy.__version__)
```

输出：

```
1.13.1
```

3.1.2　NumPy 安装

🧑‍🏫小贴士：

什么是科学计算？

科学计算是一个与定量分析、数学模型构建以及利用计算机来分析和解决科学问题相关的研究领域。

NumPy 是基于 Python 的，因此在安装 NumPy 之前，我们需要先安装 Python。目前建议安装 Anaconda，Anaconda 是一个用于科学计算的 Python 发布版，支持 Linux、Mac、Windows 系统，它包含了众多流行的科学计算、数据分析的 Python 包。如果你已经安装了 Anaconda，那么代表着 NumPy 已经安装成功。

如果通过 Python 官网安装 Python，NumPy 在 Windows、各种 Linux 发布版以及 Mac OS X 上均有二进制安装包。如果你愿意，也可以安装包含源代码的版本。你需要在系统中安装 Python 2.4.x 或更高的版本。在各个系统环境下安装 NumPy 的命令都是 pip install numpy。

> **小贴士：**
>
> Python 导入模块的实现方式是使用 import 关键字，它可以将一个包中已出现的一个或多个函数或模块引入另一个 Python 代码中，从而实现代码的复用，如 import numpy。

3.2　基本操作

在学习 Python 的过程中，你可能已经发现，NumPy 中包含大量的函数。其实很多函数的设计初衷都是为了让用户更方便地理解和使用这些函数，从而大大提升工作效率，这些函数包括数组元素的选取和多项式运算等。

3.2.1　初识 NumPy

NumPy 的主要对象是同质多维数组，也就是在一个元素（通常是数字）表中，元素的类型都是相同的。其中可以通过正整数的元组来对元素进行索引。在 NumPy 中，数组的维度被称为轴（axes），轴的数量被称为秩（rank）。例如在三维空间中一个点的坐标[1,2,1]，就是秩为 1 的数组，因为它只有一个轴，这个轴的长度为 3。

NumPy 的数组类称为 ndarray，别名为 array。numpy.array 与标准 Python 库类 array.array 不一样，标准库类中只能处理一维数组并且功能相对较少。下面我们来认识下 ndarray 对象的常见属性，如表 3-1 所示。

表 3-1　　　　　　　　　　　　　　　ndarray 对象属性

属　　性	含　　义
T	转置，与 self.transpose() 相同，如果维度小于 2，返回 self
size	数组中元素个数，等于 shape 元素的乘积
itemsize	例如，一个类型为 float64 的元素的数组 itemsize 为 8（=64/8），而一个 complex32 的数组 itersize 为 4（=32/8）。该属性等价于 ndarray.dtype.itemsize
dtype	数组元素的数据类型对象，可以用标准 Python 类型来创建或指定 dtype，或者在后面加上 NumPy 的类型：numpy.int32、numpy.int16、numpy.float64，等等
ndim	数组的轴（维度）的数量。在 Python 中，维度的数量通常被称为 rank
shape	数组的维度。为一个整数元组，表示每个维度上的大小。对于一个 n 行 m 列的矩阵来说，shape 就是（n, m）
data	该缓冲区包含了数组的实际元素。通常情况下不需要使用这个属性，因为我们会使用索引的方式来访问数组中的元素

属　　性	含　　义
Flat	返回数组的一维迭代器
imag	返回数组的虚部
real	返回数组的实部
nbytes	数组中所有元素的字节长度

在 Python 中，如果需要导入某个模块，则使用关键字 import。通常为了方便复用出现频次较高的模块，使用 as 对其别名处理。下面通过例 3-2 来实现 NumPy 的基本操作。

【例 3-2】初识 NumPy

输入：

```
import numpy as np
a = np.random.random(4)
print(type(a))
```

输出：

```
<class 'numpy.ndarray'>
```

输入：

```
print(a.shape)
```

输出：

```
(4,)
```

输入：

```
print(a)
```

输出：

```
[ 0.24123598  0.04089253  0.94548641  0.46101693]
```

例 3-2 说明，通过 np.random.random(4)生成一个浮点数组，类型为 numpy.ndarray，a.shape 显示 a 的长度为 4，最终生成的数组结果为[0.24123598 0.04089253 0.94548641 0.46101693]。

3.2.2　NumPy 数组类型

对于科学计算来说，Python 中自带的整型、浮点型和复数类型还远远不够，因此 NumPy 中增添加了许多数据类型。在实际应用中，我们需要不同精度的数据类型，它们占用的内存空间也是不同的。在 NumPy 中，大部分数据类型名是以数字结尾的，这个数字表示其在内存中占用的位数，具体见表 3-2[①]。

---

① 表格参考：NumPy 用户手册。

表 3-2   NumPy 数据类型

类　　型	描　述　规　则
bool	用一位存储的布尔类型（值为 True 或 False）
inti	由所在平台决定其精度的整数（一般为 int32 或 int64）
int8	整数，范围为−128 至 127
int16	整数，范围为−32768 至 32767
int32	整数，范围为−2^{31} 至 2^{31}−1
int64	整数，范围为−2^{63} 至 2^{63}
uint8	整数，范围为 0 至 255
uint16	整数，范围为 0 至 65535
uint32	无符号整数，范围为 0 至 2^{32}−1
uint64	无符号整数，范围为 0 至 2^{64}−1
float16	半精度浮点数（16 位），其中用 1 位表示正负号，5 位表示指数，10 位表示尾数
float32	单精度浮点数（32 位），其中用 1 位表示正负号，8 位表示指数，23 位表示尾数
float64 或 float	双精度浮点数（64 位），其中用 1 位表示正负号，11 位表示指数，52 位表示尾数
complex64	复数，分别用两个 32 位浮点数表示实部和虚部
complex128 或 complex	复数，分别用两个 64 位浮点数表示实部和虚部

在使用 NumPy 的过程中，可以通过 dtype 来指定数据类型，通常这个参数是可选的，或者通过 astype() 来指定。同样，每一种数据类型均有对应的类型转换函数。在 Python 中，通常并不强制要求内存控制指定。NumPy 关于数据类型方面的操作见例 3-3 与例 3-4。

【例 3-3】NumPy 数据类型操作

输入：

```
#指定数据类型
print(np.array(5,dtype=int))
```

输出：

```
5
```

输入：

```
print(np.array(5).astype(float))
```

输出：

```
5.0
```

输入：

```
#转换数据类型
print(float(42))
```

输出：

```
42.0
```

输入：

```
print(bool(42))
```

输出：

```
True
```

输入：

```
print(float(True))
```

输出：

```
1.0
```

在观察 NumPy 数据类型的过程中，也可以通过 set(np.typeDict.values())命令查看。

【例 3-4】查看 NumPy 数据类型

输入：

```
print(set(np.typeDict.values()))
```

输出：

```
{<class 'numpy.int16'>, <class 'numpy.uint32'>, <class 'numpy.str_'>, <class 'numpy.datet
ime64'>, <class 'numpy.float32'>, <class 'numpy.bool_'>, <class 'numpy.float64'>, <class
'numpy.complex128'>, <class 'numpy.float16'>, <class 'numpy.bytes_'>, <class 'numpy.uint1
6'>, <class 'numpy.complex64'>, <class 'numpy.complex128'>, <class 'numpy.timedelta64'>,
<class 'numpy.int32'>, <class 'numpy.uint8'>, <class 'numpy.float64'>, <class 'numpy.vo
id'>, <class 'numpy.int64'>, <class 'numpy.uint32'>, <class 'numpy.object_'>, <class 'num
py.int8'>, <class 'numpy.int32'>, <class 'numpy.uint64'>}
```

3.2.3 NumPy 创建数组

1. 通过列表或元组转化

在 Python 内建对象中，数组有 3 种形式：列表（list）、元组（tuple）、字典（dict）。具体形式如下。

- ❑ list：[1, 2, 3]
- ❑ tuple：(1, 2, 3)
- ❑ dict：{a:1, b:2}

在 NumPy 中，使用 numpy.array 将列表或元组转换为 ndarray 数组。其方法为：

```
numpy.array(object, dtype=None, copy=True, order=None, subok=False, ndmin=0)
```

相关参数如下。

- ❑ object：输入对象列表、元组等。

- ❑ dtype：数据类型。如果未给出，则类型为被保存对象所需的最小类型。
- ❑ copy：布尔类型，默认为 True，表示复制对象。
- ❑ order：顺序。
- ❑ subok：布尔类型，表示子类是否被传递。

【例 3-5】numpy.array 创建数组

输入：

```
import numpy as np
a=np.array([[1,2],[4,5,7]])
print(type(a))
print(a)
```

输出：

```
<class 'numpy.ndarray'>

[list([1, 2]) list([4, 5, 7])]
```

2. arange 函数创建数组

除了直接使用 numpy.array 方法创建 ndarray，在 NumPy 中还有一些方法可以创建有规律的多维数。

首先来看 arange()。arange()的功能是在给定区间内创建等差数组，使用频率非常高，多用于迭代。arange 类似 range 函数，接触过 Python 的人或许对 range 比较熟悉，比如在 for 循环中，经常用到 range。下面通过 range 来学习 arange，两者的区别主要体现在返回值上，range 返回的是 list，而 arange 返回的是一个数组。

（1）range 函数为 range(start, stop[, step])，根据 start 与 stop 指定的范围以及 step 设定的步长，生成一个序列，函数返回的是一个 range object。这里的[start, stop]是一个半开半闭区间。

- ❑ start：计数从 start 开始，默认是从 0 开始，例如 range (5)等价于 range(0,5)。
- ❑ stop：计数到 end 结束，但不包括 stop，例如 range(0,5)是[0,1,2,3,4]。
- ❑ step：每次跳跃的间距，默认为 1 且不支持步长为小数，例如 range(0,5)等价于 range(0,5,1)。

【例 3-6】range 案例

输入：

```
import numpy as np
a=range(0,4)
b=range(4)
a1 = [i for i in a]
b1 = [i for i in b]
print(type(a))
print(a1)
print(b1)
```

输出：

```
<class 'range'>

[0, 1, 2, 3]

[0, 1, 2, 3]
```

（2）arange 函数为 arange(start=None, stop=None, step=None, dtype=None)，据 start 与 stop 指定的范围以及 step 设定的步长，生成一个 ndarray。

❑ start 与 stop 参数同 range。

❑ step：步长用于设置值之间的间隔，支持步长为小数。

❑ dtype：可选参数，可以设置返回 ndarray 的值类型。

【例 3-7】arange 案例

输入：

```
import numpy as np
a=np.arange(12)
print(a)
a2=np.arange(1,2,0.1)
print(a2)
```

输出：

```
[ 0  1  2  3  4  5  6  7  8  9 10 11]
[ 1.   1.1  1.2  1.3  1.4  1.5  1.6  1.7  1.8  1.9]
```

3. linspace 生成等差数列

linspace 方法也可以像 arange 方法一样，创建数值有规律的数组。linspace 用于在指定区间内返回间隔均匀的值，其方法为：

```
numpy.linspace(start, stop, num=50, endpoint=True, retstep=False, dtype=None)
```

❑ start：序列的起始值。

❑ stop：序列的结束值。

❑ num：生成的样本数，默认值为 50。

❑ endpoint：布尔值，如果为 True，则最后一个样本包含在序列内。

❑ retstep：布尔值，如果为 True，返回间距。

❑ dtype：数组的类型。

【例 3-8】linspace 案例

输入：

```
import numpy as np
a=np.linspace(start=1, stop=5, num=10, endpoint=True)
```

```
print(a)
print(a.shape)
```

输出：

```
[ 1.          1.44444444  1.88888889  2.33333333  2.77777778  3.22222222
  3.66666667  4.11111111  4.55555556  5.          ]
```

```
(10,)
```

输入：

```
b=np.linspace(start=1, stop=5, num=10, endpoint=False)
print(b)
print(b.shape)
```

输出：

```
[ 1.   1.4  1.8  2.2  2.6  3.   3.4  3.8  4.2  4.6]
```

```
(10,)
```

输入：

```
c=np.linspace(start=1, stop=5, num=10,)
print(c)
```

输出：

```
[ 1.          1.44444444  1.88888889  2.33333333  2.77777778  3.22222222
  3.66666667  4.11111111  4.55555556  5.          ]
```

4. logspace 生成等比数列

在创建数值有规律的数组中，linspace 方法生成的是等差数列，指定的区间内返回间隔均匀的值。logspace 方法则用于生成的是等比数列，其方法为：

```
numpy.logspace(start, stop,num=50, endpoint=True, base=10.0, dtype=None)
```

- ❑ start：float，基底 base 的 start 次幂作为左边界。
- ❑ stop：float，基底 base 的 stop 次幂作为右边界。
- ❑ num：生成的样本数，默认值为 50。
- ❑ endpoint：布尔值，如果为 True，则最后一个样本包含在序列内。
- ❑ base：基底，取对数的时候 log 的下标。
- ❑ dtype：数组的类型。

【例 3-9】logspace 案例

输入：

```
import numpy as np
```

```
#生成首位是 10 的 0 次方，末位是 10 的 2 次方，含 5 个数的等比数列
a = np.logspace(start=0,stop=2,num=5)
print(a)
```

输出：

```
[1.            3.16227766   10.          31.6227766   100.         ]
```

输入：

```
#生成首位是 1 的 0 次方，末位是 1 的 2 次方，含 5 个数的等比数列
b = np.logspace(start=0,stop=2,num=5,base=1)
print(b)
```

输出：

```
[ 1.  1.  1.  1.  1.]
```

5. ones 与 zeros 系列函数

某些时候，在创建数组之前已经确定了数组的维度以及各维度的长度，这时就可以使用 NumPy 内建的一些函数来创建 ndarray。

例如，函数 ones 创建一个全 1 的数组、函数 zeros 创建一个全 0 的数组、函数 empty 创建一个内容随机的数组。在默认情况下，用这些函数创建的数组的类型都是 float64，若需要指定数据类型，只需要闲置 dtype 参数即可。同时上述 3 个函数还有 3 个从已知的数组中创建 shape 相同的多维数组的扩展函数，分别为 ones_like、zeros_like、empty_like。

（1）依据给定形状和类型，返回一个元素全为 1 的数组。函数形式为：

```
ones(shape, dtype=None, order='C')
```

- ❏ shape：定义返回数组的形状，形如（2, 3）或 2。
- ❏ dtype：数据类型，可选。返回数组的数据类型，例如 numpy.int8、默认 numpy.float64。
- ❏ order：{ 'C','F'}，规定返回数组元素在内存的存储顺序，例如 C（C 语言）-row-major；F(Fortran)-column-major。

【例 3-10】ones 案例

输入：

```
a=np.ones(4)
b=np.ones((4,),dtype=np.int)
c=np.ones((2,1))
S=(2,2)
d=np.ones(S)
V=np.array([[1,2,3],[4,5,6]])
e=np.ones_like(a)
print("a={}\nb={}\nc={}\nd={}\ne={}".format(a,b,c,d,e))
```

输出：

```
a=[ 1.  1.  1.  1.]

b=[1 1 1 1]

c=[[ 1.]
   [ 1.]]

d=[[ 1.  1.]
   [ 1.  1.]]

e=[ 1.  1.  1.  1.]
```

（2）依据给定形状和类型，返回一个新的元素全部为 0 的数组。函数形式为：

```
zeros(shape, dtype=None, order='C')
```

参数同 np.ones 参数。

【例 3-11】zeros 案例

输入：

```
a=np.ones(5)
b=np.zeros((5,),dtype=np.int)
c=np.zeros((2,1))
S=(2,2)
d=np.zeros(S)
e=np.zeros((2,), dtype=[('x','i4'), ('y','i4')])
x=np.arange(6)
x=x.reshape((2,3))   #([[0, 1, 2],[3, 4, 5]]) reshape 重塑数组的形状
f=np.zeros_like(x)
y=np.arange(3,dtype=np.float)    #([ 0., 1., 2.])
g=np.zeros_like(y)
print("a={}\nb={}\nc={}\nd={}\ne={}\nf={}\ng={}".format(a,b,c,d,e,f,g))
```

输出：

```
a=[ 1.  1.  1.  1.  1.]

b=[0 0 0 0 0]

c=[[ 0.]
   [ 0.]]

d=[[ 0.  0.]
   [ 0.  0.]]

e=[(0, 0) (0, 0)]

f=[[0 0 0]
   [0 0 0]]
```

```
g=[ 0.  0.  0.]
```

（3）依据给定形状和类型。返回一个新的空数组。函数形式为：

```
empty(shape, dtype=None, order='C'):
```

参数同 np.ones 参数。

【例 3-12】empty 案例

输入：

```
a=np.empty([2,2])
b=np.empty([2,2],dtype=int)

temp=np.array([[1.,2.,3.],[4.,5.,6.]])
c=np.empty_like(temp)    #输出 ndarray 与数组 a 形状和类型一样的数组。
print("a={}\nb={}\nc={}".format(a,b,c))
```

输出：

```
a=[[ 1.  1.]
 [ 1.  1.]]

b=[[         0 1072693248]
   [         0 1072693248]]

c=[[  3.33772792e-307   4.22786102e-307   2.78145267e-307]
   [  4.00537061e-307   2.23419104e-317   0.00000000e+000]]
```

（4）依据给定的参数，生成第 k 个对角线的元素为 1、其他元素为 0 的数组。函数形式为：

```
eye(N, M=None, k=0, dtype=float)
```

- ❑ N：整数，返回数组的行数。
- ❑ M：整数，可选返回数组的列数。如果不赋值，则默认等于 N。
- ❑ k：整数，可选对角线序列号，例如 0 对应主对角线，正数对应 upper diagonal，负数对应 lower diagonal。
- ❑ dtype：可选返回数组的数据类型。

【例 3-13】eye 案例

输入：

```
a=np.eye(2,dtype=int)
b=np.eye(3,k=1)
print("a={}\nb={}".format(a,b))
```

输出：

```
a=[[1 0]
   [0 1]]
```

```
b=[[  0.   1.   0.]
   [  0.   0.   1.]
   [  0.   0.   0.]]
```

（5）依据给定的参数，一个 n 维单位方阵，函数形式为：

```
identity(n, dtype=None)
```

❑　n：整数返回方阵的行列数，为 int。

❑　dtype：数据类型，可选返回方阵的数据类型，默认为 float。

【例 3-14】identity 案例

输入：

```
a=np.identity(3)
print(a)
```

输出：

```
[[ 1.   0.   0.]
 [ 0.   1.   0.]
 [ 0.   0.   1.]]
```

🐜小贴士：

单位阵是单位矩阵的简称，它指的是主对角线上都是 1，其余元素皆为 0 的矩阵。

3.2.4　索引与切片

ndarray 对象的内容可以通过索引或切片来访问和修改，就像 Python 的内置容器对象一样。如前所述，ndarray 对象中的元素遵循基于零的索引，可用的索引方法类型有 3 种：字段访问、基本切片和高级索引。

先来了解索引和切片，如果你对 Python 有一定基础，那么也同样建议你阅读回顾一下，毕竟后面有涉及多维数组的索引。

1．索引机制

Python 中的下标索引，就好比超市中的存储柜的编号，通过这个编号就能找到相应的存储空间。字符串实际上就是字符的数组，也支持下标索引，如图 3-1 所示。

【例 3-15】索引机制

输入：

```
a = np.arange(1,6)
```

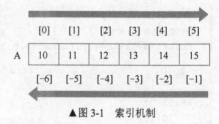

▲图 3-1　索引机制

```
#使用正数作为索引
print(a[3])
#使用负数作为索引
print(a[-4])
#方括号中传入对应索引值，可同时选择多个元素
print(a[[0,3,4]])
```

输出：

```
4

2

[1 4 5]
```

2. 切片机制

通过指定下标的方式来获得某一个数据元素，或者通过指定下标范围来获得一组序列的元素，这种访问序列的方式叫作切片，如图 3-2 所示。

切片操作符在 Python 中的原型是[start:stop:step]，即 [开始索引:结束索引:步长值]。

❑ 开始索引：同其他语言一样，从 0 开始。序列从左向右方向中，第一个值的索引为 0，最后一个为-1。

❑ 结束索引：切片操作符将取到该索引为止，不包含该索引的值。

❑ 步长值：默认是一个接着一个地切取，如果为 2，则表示进行隔一取一操作。步长值为正，表示从左向右取；如果为负，则表示从右向左取。步长值不能为 0。

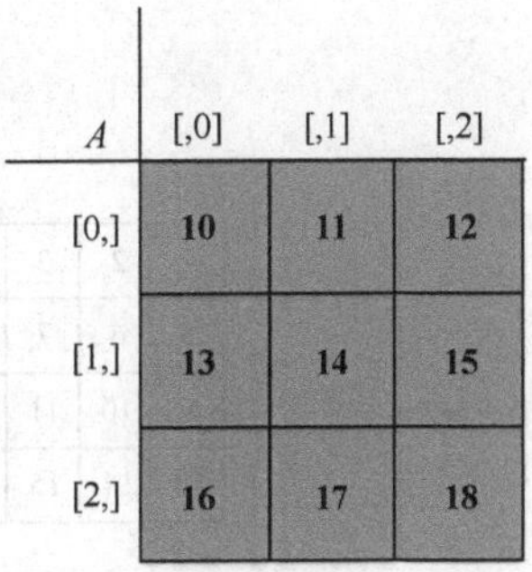

A	[,0]	[,1]	[,2]
[0,]	10	11	12
[1,]	13	14	15
[2,]	16	17	18

▲图 3-2 切片机制

【例 3-16】索引机制

输入：

```
a = np.arange(16)      #创建一个一维数组
a = a.reshape(4,4)     #更改数组形状
print(a)
print(a[1][2])
print(a1,2)
```

输出：

```
[[ 0  1  2  3]
 [ 4  5  6  7]
 [ 8  9 10 11]
 [12 13 14 15]]
```

6

6

可以看出，a[1][2]与 a[1,2]得到结果相同，取的都是元素 6。

二维数组可以理解为平面直角的坐标系，那么多维数组则相当于 n 维空间的坐标系。通过多个坐标点来确定元素的位置，操作同二维数组类似。

3. 切片索引

通过前面两节的介绍，相信你已经对索引与切片有了一定的认识，下面来看切片索引，如图 3-3 所示。

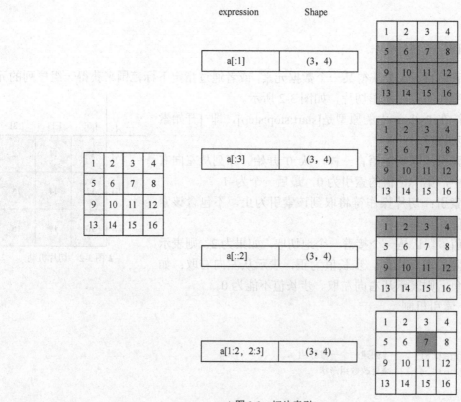

▲图 3-3　切片索引

❑　a[1:]从下标为 1 的元素选择到最后一个元素。

❑　a[1][2]与 a[1,2]通过索引得到元素，a[1:2,2:3]则是通过切片形式得到数组的。

❑　切片索引把每一行每一列当成一个列表，就可以很容易地理解，返回的都是数组。

动手操作：

分别打印出 a[1:2,2:3]与 a[1][2]，观察有何不同。

4. 布尔型索引

布尔型索引又叫花式索引（Fancy indexing），指的是利用整数数组进行索引。布尔型索引是基于布尔数据的索引，属于高级索引技术范畴，它也是利用特定的迭代器对象实现的。在Python 进行科学运算时，常常需要使用它把一个稀疏的 numpy.array 压缩。比如 SciPy 库中的scipy.sparse.csr_matrix，具体实例如下所示。

【例 3-17】 初探布尔型索引

输入：

```
a=(np.arange(16)).reshape(4,4)    #生成 4*4 的数组
x = np.array([0, 1, 2, 1])
x == 1    #通过比较运算得到一个布尔数组
print(a)
print(x==1)
print(a[x==1])
```

输出：

```
[[ 0  1  2  3]
 [ 4  5  6  7]
 [ 8  9 10 11]
 [12 13 14 15]]

[False  True False  True]

[[ 4  5  6  7]
 [12 13 14 15]]
```

布尔型索引对其进行取否，通常采用!=符号。同时~符号以及 logical_not()函数可以对条件进行否定。

【例 3-18】 布尔型索引取否操作

输入：

```
print(a[x!=1])
print(a[~(x==1)])
print(a[np.logical_not(x == 1)])
```

输出：

```
[[ 0  1  2  3]
 [ 8  9 10 11]]

[[ 0  1  2  3]
 [ 8  9 10 11]]

[[ 0  1  2  3]
 [ 8  9 10 11]]
```

> 🏍小贴士：
>
> 布尔型索引同时支持 Python 比较运算符（>、>=、<和<=）。

在使用布尔型索引的过程中，如果需要进行多个条件组合，使用布尔运算符&（和）、|（或）。

【例 3-19】 布尔型索引多条件组合

输入：

```
print(a[(x==1)|(x==2)])
```

输出：

```
[[ 4  5  6  7]
 [ 8  9 10 11]
 [12 13 14 15]]
```

在图片处理的过程中，需要将图片处理成一个数组。通常通过布尔型索引对图片处理后得到数组进行选取操作，完成想要的效果，见例 3-20，程序运行结果如图 3-4 所示。

【例 3-20】 利用布尔型索引实现图像分割呈现

输入：

```
import matplotlib.pyplot as plt
a = np.linspace(0, 2 * np.pi, 200)
b = np.sin(a)
plt.plot(a,b)
mask = b >= 0
plt.plot(a[mask], b[mask], 'bo')
mask = (b >= 0) & (a <= np.pi / 2)
plt.plot(a[mask], b[mask], 'go')
plt.show()
```

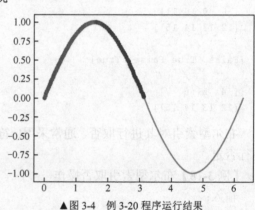

▲图 3-4　例 3-20 程序运行结果

3.2.5　矩阵合并与分割

1. 矩阵的合并

NumPy 是 Python 用来科学计算的非常重要的库，NumPy 主要用来处理一些矩阵对象，可以说 NumPy 让 Python 有了 Matlab 的味道。

在实际应用中，经常需要合并矩阵，那么如何利用 NumPy 来合并两个矩阵呢？对于一个矩阵，我们可以用 vstack((A,B)) 和 hstack((A,B)) 实现不同轴上的合并。vstack() 是一个将矩阵上下合并的函数，而 hstack() 则是左右合并的函数，如例 3-21 所示。

【例 3-21】 合并矩阵

输入：

```
import numpy as np
a = np.floor(10*np.random.random((2,2)))
b = np.floor(10*np.random.random((2,2)))
#hstack()在行上合并
c=np.vstack((a,b))
#vstack()在列上合并
d=np.hstack((a,b))
print("a=\n{}\nb=\n{}\nc=\n{}\nd=\n{}".format(a,b,c,d))
```

输出：

```
a=
[[4. 7.]
 [9. 0.]]
b=
[[0. 6.]
 [3. 8.]]
c=
[[4. 7.]
 [9. 0.]
 [0. 6.]
 [3. 8.]]
d=
[[4. 7. 0. 6.]
 [9. 0. 3. 8.]]
```

2. 矩阵的分割

在数组的合并操作中，函数 column_stack()支持列方向上的合并，但是在处理一维数组时，按列方向组合，结果为二维数。当处理二维数组时和 hstack 方法一样。同样，row_stack()支持行方向上的合并，处理一维数组时，按行方向组合，二维数组和 vstack 方法一样，如例 3-22 所示。

【例 3-22】矩阵的分割

输入：

```
from numpy import newaxis
np.column_stack((a,b))
a = np.array([1,2])
b = np.array([3,4])
c=np.column_stack((a,b))
d=np.hstack((a,b))
print("a=\n{}\nb=\n{}\nc=\n{}\nd=\n{}".format(a,b,c,d))
#newaxis 插入新的维度，由一维变成二维数组
e=np.column_stack((a[:,newaxis],b[:,newaxis]))
f=np.hstack((a[:,newaxis],b[:,newaxis]))
print("e=\n{}\nf=\n{}".format(e,f))
```

输出：

```
a=
[1 2]
b=
[3 4]
c=
[[1 3]
 [2 4]]
d=
[1 2 3 4]
e=
[[1 3]
 [2 4]]
f=
[[1 3]
 [2 4]]
```

根据例 3-22 的输出可以看出，当合并的数组维度为一维时，np.column_stack((a,b)) 返回的结果 c 为二维数组，而 np.hstack 得到的结果则与其不同。当数组的维度为二维时，两个函数的返回结果相同。

3.2.6 矩阵运算与线性代数

NumPy 中的线性代数主要是介绍 numpy.linalg 函数(linalg=linear+algebra)，其常用函数见表 3-3。

表 3-3 numpy.linalg 常用函数

函　数		说　明
线性函数基础	np.linalg.norm	表示范数，需要注意的是，范数是对向量或者矩阵的度量，是一个标量（scalar）
	np.linalg.inv	矩阵的逆。注意，如果矩阵 *A* 是奇异矩阵或非方阵，则会抛出异常（方阵：行数与列数相等的矩阵）。计算矩阵 *A* 的广义逆矩阵，采用 numpy.linalg.pinv
	np.linalg.solve	求解线性方程组
	np.linalg.det	求矩阵的行列式
	numpy.linalg.lstsq	lstsq 表示 LeaST Square，最小二乘求解线性函数
特征值与特征分解	numpy.linalg.eig	特征值和特征向量
	numpy.linalg.eigvals	特征值
	numpy.linalg.SVD	奇异值分解
	numpy.linalg.qr	矩阵的 QR 分解

1. 范数计算

依据给定的参数计算范数，函数形式为：

```
np.linalg.norm(x,ord=None,axis=None, keepdims=False)
```

（1）x：表示要度量的向量。

（2）ord：表示范数的种类，具体见表 3-4。

（3）axis：处理类型。

- axis=1 表示按行向量处理，求多个行向量的范数。
- axis=0 表示按列向量处理，求多个列向量的范数。
- axis=None 表示矩阵范数。

（4）keepding：是否保持矩阵的二维特性。True 表示保持矩阵的二维特性，False 则相反。

表 3-4 范数表

参数	说明	计算方法
默认	二范数：$\ell 2$	$\sqrt{x_1^2 + x_2^2 + \cdots + x_n^2}$
ord=2	二范数：$\ell 2$	同上
ord=1	一范数：$\ell 1$	$|x_1| + |x_2| + \cdots + |x_n|$
ord=np.inf	无穷范数：$\ell \infty$	$\max(|x_i|)$

其中，基于范数理论有：$\ell 1 \geq \ell 2 \geq \ell \infty$。

【例 3-23】范数计算

输入：

```
import numpy as np
x = np.array([
    [0, 3, 4],
    [1, 6, 4]])
#默认参数 ord=None, axis=None, keepdims=False
print ("默认参数(矩阵二范数，不保留矩阵二维特性): ",np.linalg.norm(x))
print ("矩阵二范数，保留矩阵二维特性: ",np.linalg.norm(x,keepdims=True))
print ("矩阵每个行向量，求向量的二范数: ",np.linalg.norm(x,axis=1,keepdims=True))
print ("矩阵每个列向量，求向量的二范数: ",np.linalg.norm(x,axis=0,keepdims=True))
print ("矩阵一范数: ",np.linalg.norm(x,ord=1,keepdims=True))
print ("矩阵二范数: ",np.linalg.norm(x,ord=2,keepdims=True))
print ("矩阵∞范数: ",np.linalg.norm(x,ord=np.inf,keepdims=True))
print ("矩阵每个行向量，求向量的一范数: ",np.linalg.norm(x,ord=1,axis=1,keepdims=True))
```

输出：

```
默认参数(矩阵二范数，不保留矩阵二维特性): 8.83176086633
矩阵二范数，保留矩阵二维特性: [[ 8.83176087]]
矩阵每个行向量，求向量的二范数: [[ 5.        ]
                              [ 7.28010989]]
矩阵每个列向量，求向量的二范数: [[ 1.          6.70820393  5.65685425]]
矩阵一范数: [[ 9.]]
矩阵二范数: [[ 8.70457079]]
矩阵∞范数: [[ 11.]]
矩阵每个行向量，求向量的一范数: [[ 7.]
```

```
                              [ 11.]]
```

2. 求矩阵的逆

【例 3-24】矩阵的逆

输入：

```
a = np.mat("0 1 2;1 0 3;4 -3 8")
a_inv=np.linalg.inv(a)
print(a_inv)
print(a*a_inv)        #检查原矩阵和求得的逆矩阵相乘的结果为单位矩阵
```

输出：

```
[[-4.5  7.  -1.5]
 [-2.   4.  -1. ]
 [ 1.5 -2.   0.5]]

[[ 1.  0.  0.]
 [ 0.  1.  0.]
 [ 0.  0.  1.]]
```

注：矩阵必须是方阵且可逆的，否则会抛出 LinAlgError 异常。

🤖 小贴士：

　　mat 函数可以用来构造一个矩阵，传进去一个专用字符串，矩阵的行与行之间用分号隔开，行内的元素用空格隔开。

3. 求方程组的解

求解线性方程组 $\begin{cases} 3x + y = 9 \\ x + 2y = 8 \end{cases}$。

【例 3-25】求方程组的解

输入：

```
a = np.array([[3,1], [1,2]])
b = np.array([9,8])
x = np.linalg.solve(a, b)
print(x)
#使用 dot 函数检查求得的解是否正确
print(np.dot(a , x))
```

输出：

```
[ 2.  3.]

[ 9.  8.]
```

4. 计算矩阵行列式

二维数组[[a, b], [c, d]]的行列式是 $ad - bc$，比如建立一个矩阵 a=np.array([[1, 2], [3, 4]])，那么它的行列式是 $1 \times 4 - 2 \times 3 = -2$。

【例3-26】计算行列式

输入：

```
a = np.array([[1, 2], [3, 4]])
print(np.linalg.det(a))
```

输出：

```
-2.0
```

【例3-27】 多维数组计算行列式

输入：

```
a = np.array([ [[1, 2], [3, 4]], [[1, 2], [2, 1]], [[1, 3], [3, 1]] ])
print(a.shape)
print(np.linalg.det(a))
```

输出：

```
(3, 2, 2)
```

```
[-2. -3. -8.]
```

5. 最小二乘求解线性函数

存在一个二元一次回归函数 $y = mx + c$，通过最小二乘法求解参数 m 与 c，分别表示最小二乘回归曲线（此处为直线）的斜率和截距。在 NumPy 下的函数形式为：

```
numpy.linalg.lstsq(array_A, array_B)[0]
```

其中 array_A 是一个 nx2 维的数组，array_B 是一个 1xn 的数组。

【例3-28】最小二乘求解线性函数，程序运行结果如图3-5所示

输入：

```
x = np.array([0, 1, 2, 3])
y = np.array([-1, 0.2, 0.9, 2.1])
A = np.vstack([x, np.ones(len(x))]).T    #np.ones(len(x))为常数项构建
print(A)
m, c = np.linalg.lstsq(A, y)[0]
print(m, c)
#绘图
import matplotlib.pyplot as plt
```

```
plt.plot(x, y, 'o', label='Original data', markersize=10)
plt.plot(x, m*x + c, 'r', label='Fitted line')
plt.legend()
plt.show()
```

输出：

```
[[ 0.  1.]
 [ 1.  1.]
 [ 2.  1.]
 [ 3.  1.]]

1.0  -0.95
```

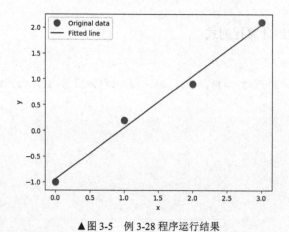

▲图 3-5　例 3-28 程序运行结果

　　下面我们来展现线性函数的应用，分析个人年龄与每个人最大心率之间的线性关系，见例 3-29。

【例 3-29】线性函数应用案例，程序运行结果如图 3-6 所示

输入：

```
#数据输入：
x_d = [18,23,25,35,65,54,34,56,72,19,23,42,18,39,37]    #个人年龄
y_d = [202,186,187,180,156,169,174,172,153,199,193,174,198,183,178]    #个人的最大心率
n=len(x_d)
#计算
import numpy.linalg
B=numpy.array(y_d)
A=numpy.array(([[x_d[j], 1] for j in range(n)]))
X=numpy.linalg.lstsq(A,B)[0]
a=X[0]; b=X[1]
print ("Line is: y=",a,"x+",b)
#绘图
import matplotlib.pyplot as plt
```

```
plt.plot(np.array(x_d), B,  'ro', label='Original data', markersize=10)
plt.plot(np.array(x_d), a*np.array(x_d) + b,  label='Fitted line')
plt.legend()
plt.xlabel('x')
plt.ylabel('y')
plt.show()
```

输出：

```
Line is: y= -0.797726564933 x+ 210.048458424
```

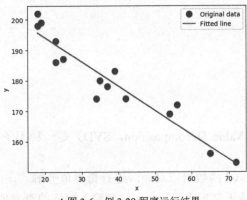

▲图 3-6　例 3-29 程序运行结果

6. 求解特征值与特征向量

特征值（eigenvalue）即方程 $Ax = ax$ 的根，是一个标量。其中，A 是一个二维矩阵，x 是一个一维向量。特征向量（eigenvector）是关于特征值的向量。

在 numpy.linalg 模块中，eigvals 函数可以计算矩阵的特征值，而 eig 函数可以返回一个包含特征值和对应的特征向量的元组。

【例 3-30】特征值与特征向量

输入：

```
#创建一个矩阵
C = np.mat("3 -2;1 0")
#调用 eigvals 函数求解特征值
c0 = np.linalg.eigvals(C)
print (c0)
#使用 eig 函数求解特征值和特征向量（返回一个元组，第一列为特征值，第二列为特征向量）
c1,c2 = np.linalg.eig(C)
print (c1)
print (c2)
#使用 dot 函数验证求得的解是否正确
for i in range(len(c1)):
    print ("left:",np.dot(C,c2[:,i]))
```

```
print ("right:",c1[i] * c2[:,i])
```

输入：

```
[ 2.   1.]
[ 2.   1.]
[[ 0.89442719  0.70710678]
 [ 0.4472136   0.70710678]]
left: [[ 1.78885438]
       [ 0.89442719]]
right: [[ 1.78885438]
        [ 0.89442719]]
left: [[ 0.70710678]
       [ 0.70710678]]
right: [[ 0.70710678]
        [ 0.70710678]]
```

7. 奇异值分解

奇异值分解（Singular Value Decomposition，SVD）是一种因子分解运算，将一个矩阵分解为 3 个矩阵的乘积。

numpy.linalg 模块中的 svd 函数可以对矩阵进行奇异值分解。该函数返回 3 个矩阵——U、Sigma 和 V，其中 U 和 V 是正交矩阵，Sigma 包含输入矩阵的奇异值。

【例 3-31】奇异值分解

输入：

```
#创建一个矩阵
D=np.mat("4 11 14;8 7 -2")
#使用 SVD 函数分解矩阵
U,Sigma,V = np.linalg.svd(D,full_matrices=False)
print("U:{}\nSigma:{}\nV:{}".format(U,Sigma,V))
```

输出：

```
U:[[-0.9486833  -0.31622777]
   [-0.31622777  0.9486833 ]]
Sigma:[ 18.97366596   9.48683298]
V:[[-0.33333333 -0.66666667 -0.66666667]
   [ 0.66666667  0.33333333 -0.66666667]]
```

结果包含等式左右两端的两个正交矩阵 U 和 V，以及中间的奇异值矩阵 Sigma。下面我们来验证 SVD 分解。

【例 3-32】验证奇异值分解

输入：

```
print (U * np.diag(Sigma) * V)
```

输出：

```
[[  4. 11. 14.]
 [  8.  7. -2.]]
```

8. QR 分解

QR（正交三角）分解也是矩阵分解的一种常用方法，如果实（复）非奇异矩阵 *A* 能够化成正（酉）矩阵 *Q* 与实（复）非奇异上三角矩阵 *R* 的乘积，即 *A=QR*，则称其为 *A* 的 QR 分解。

QR 分解法是目前求一般矩阵全部特征值的最有效且广泛应用的方法。一般矩阵先经过正交相似变化成为 Hessenberg 矩阵，然后应用 QR 方法求特征值和特征向量。它是将矩阵分解成一个正规正交矩阵 *Q* 与上三角形矩阵 *R*，所以称为 QR 分解法。本书重在帮助读者入门，QR 知识相对复杂，因此不在这里进行介绍，有兴趣的读者可以去查看官网。

3.2.7 NumPy 的广播机制

在利用 Python 进行矩阵运算时，经常会报 ValueError，比如出现"ValueError: operands could not be broadcast together with shapes (4,) (5,)"。上面错误的原因就是数据运算过程中违背了广播原则。通俗来讲，广播原则就是一种维度处理原则，广播操作会使程序更加简洁高效。

广播（Broadcasting）原则：如果两个数组的后缘维度（即从末尾开始算起的维度）的轴长相符或其中一方的长度为 1，则认为它们是广播兼容的，广播会在缺失或长度为 1 的轴上进行。当我们使用 ufunc 函数对两个数组进行计算时，ufunc 函数会对这两个数组的对应元素进行计算，因此它要求这两个数组有相同的大小（即维度相同）。如果两个数组的维度不同的话，为了避免多重循环，会进行如下的广播处理。

（1）让所有输入数组都向其中维度最长的数组看齐，维度中不足的部分都通过在前面加 1 补齐。

（2）输出数组的维度是输入数组维度的各个轴上的最大值。

（3）如果输入数组的某个轴和输出数组的对应轴的长度相同或者其长度为 1 时，这个数组能够用来计算，否则出错。

（4）当输入数组的某个轴的长度为 1 时，沿着此轴运算时都用此轴上的第一组值。

如果任何一个维度是 1，那么另一个不为 1 的维度将被用作最终结果的维度。也就是说，为 1 的维度将延展与另一个维度匹配。

下面从维度方面列举一些广播的应用实例，A 和 B 两个阵列中尺寸为 1 的维度在广播过程中都被延展了。

```
A      (4d array):  8 x 1 x 6 x 1
B      (3d array):      7 x 1 x 5
Result (4d array):  8 x 7 x 6 x 5
```

接着通过实际案例来理解广播的原理。

【例 3-33】广播操作

输入：

```
x = np.arange(4)
xx = x.reshape(4,1)
y = np.ones(5)
z = np.ones((3,4))
print(x.shape)
print(y.shape)
print(xx.shape)
print(z.shape)
```

输出：

```
(4,)
(5,)
(4, 1)
(3, 4)
```

（1）在例 3-33 代码基础之上执行 x+y，出现错误：ValueError: operands could not be broadcast together with shapes (4,) (5,)。

（2）在上面代码基础之上执行 xx+y，输出结果为：

```
[[1. 1. 1. 1. 1.]
 [2. 2. 2. 2. 2.]
 [3. 3. 3. 3. 3.]
 [4. 4. 4. 4. 4.]]
```

其运算原理为：

$$\begin{bmatrix}[0]\\ [1]\\ [2]\\ [3]\end{bmatrix} + \begin{bmatrix}1.1.1.1.1.\end{bmatrix} = \begin{bmatrix}[1.1.1.1.1.]\\ [2.2.2.2.2.]\\ [3.3.3.3.3.]\\ [4.4.4.4.4.]\end{bmatrix}$$

（3）在例 3-33 代码基础之上执行 x+z，输出结果为：

```
[[1. 2. 3. 4.]
 [1. 2. 3. 4.]
 [1. 2. 3. 4.]]
```

其运算原理为：

$$[0 1 2 3] + \begin{bmatrix}[1.1.1.1.]\\ [1.1.1.1.]\\ [1.1.1.1.]\end{bmatrix} = \begin{bmatrix}[1.2.3.4.]\\ [1.2.3.4.]\\ [1.2.3.4.]\end{bmatrix}$$

根据广播原则分析：a 中 x 与 y 两者并不满足广播原则。b 中 xx 的维度为（4，1），y 的维度为（5，），所以会同时在两个轴发生广播。xx 的维度变成（4，5），而 y 的维度变成（4，5），所以结果也为（4,5）。C 中 x 的维度为（4，），z 的维度为（3，4），最终维度结果为（3，4）。

广播提供了一种计算外积（或者任何外部运算）的便捷方式。下面的例子展示了两个一维阵列外积运算。

【例 3-34】 广播外积运算

输入：

```
a = np.array([0.0, 10.0, 20.0, 30.0])
a= a[:, np.newaxis]     #加入新的坐标轴
b = np.array([1.0, 2.0, 3.0])
c= a+ b
print(c)
```

输出：

```
[[ 1.  2.  3.]
 [11. 12. 13.]
 [21. 22. 23.]
 [31. 32. 33.]]
```

注：例 3-34 中的 newaxis 表示加入一个新的坐标轴到 a 中，使它成为一个二维 4×1 的阵列。b 的维度为一维（3，），结合 4×1d，产生一个 4×3 的阵列，其原理如图 3-7 所示。

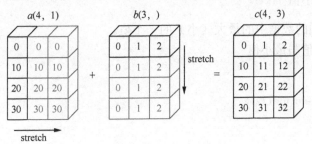

▲图 3-7 例 3-34 的原理

🐟小贴士：

注意，执行广播的前提在于，两个 ndarray 执行的是 element-wise（按位加，按位减）运算，而不是矩阵乘法运算。矩阵乘法运算时需要维度之间严格匹配。矩阵乘法中 np.dot(A, B)如果维度不匹配，提示的错误不会是 broadcast，而是 aligned。

3.2.8 NumPy 统计函数

NumPy 作为科学计算中非常重要的模块，有很多有用的统计函数，用于从数组中的给定

的元素中查找最小、最大、标准差和方差等。常见的统计函数见表 3-5。

表 3-5　　　　　　　　　　　　　常用的统计函数

	函　数	说　明
次序统计	amin(a[,axis,out,keepdims])	最小值
	amax(a[,axis,out,keepdims])	最大值
	nanmin(a[,axis,out,keepdims])	最小值（忽略 nan）
	nanmax(a[,axis,out,keepdims])	最大值（忽略 nan）
	ptp(a[,axis,out])	极差
	percentile(a,q[,axis,out,...])	百分数
	nanpercentile(a,q[,axis,out,...])	百分数（忽略 nan）
均值与方差	median(a[,axis,out,overwrite_input,keepdims])	中位数
	average(a[,axis,weights,returned])	加权平均
	mean(a[,axis,dtype,out,keepdims])	均值
	std(a[,axis,dtype,out,ddof,keepdims])	标准差
	var(a[,axis,dtype,out,ddof,keepdims])	方差
	nanmedian(a[,axis,out,overwrite_input,...])	中位数（忽略 nan）
	nanmean(a[,axis,dtype,out,keepdims])	均值（忽略 nan）
	nanstd(a[,axis,dtype,out,ddof,keepdims])	标准差（忽略 nan）
	nanvar(a[,axis,dtype,out,ddof,keepdims])	方差（忽略 nan）

下面通过实际案例来学习理解。

1. 最大值与最小值

最值，即为已知的数据中的最大（小）的一个值。

【例 3-35】最大值与最小值

输入：

```
a=np.arange(4).reshape((2,2))
print(a)
print(np.amin(a))
print(np.amin(a,axis=0))      #在第一轴的最小值
print(np.amin(a,axis=1))      #在第二轴的最小值
b=np.arange(5,dtype=np.float)
b[2]=np.nan
print(np.amin(b))
print(np.nanmin(b))           #不包含 nan 的最小值
```

输出：

```
[[01]
 [23]]
```

```
0

[0 1]

[0 2]

nan

0.0
```

2. 极差

极差：其最大值与最小值之间的差距，即最大值减最小值后所得数据。

在统计中常用极差来刻画一组数据的离散程度，以及反映变量分布的变异范围和离散幅度。在总体中，任何两个单位的标准值之差都不能超过极差。同时，它能体现一组数据波动的范围。极差越大，离散程度越大；反之，离散程度越小。

极差只指明了测定值的最大离散范围，而未能利用全部测量值的信息，不能细致地反映测量值彼此相符合的程度。极差是总体标准偏差的有偏估计值，当乘以校正系数之后，可以作为总体标准偏差的无偏估计值。它的优点是计算简单、含义直观、运用方便，故在数据统计处理中仍有着相当广泛的应用。

【例3-36】极差

输入：

```
x=np.arange(4).reshape((2,2))
print(x)
print(np.ptp(x,axis=0))
print(np.ptp(x,axis=1))
```

输出：

```
[[0 1]
 [2 3]]

[2 2]

[1 1]
```

3. 百分数

百分数也叫百分率或百分比，通常不写成分数形式，而是采用百分号（%）来表示，如1%。由于百分数的分母都是100，也就是都以1%作为单位，便于比较。百分数只表示两个数的关系，所以百分号后不可以加单位。

【例 3-37】百分位

输入：

```
a=np.array([[10.,7.,4.],[3.,2.,1.]])
a[0][1]=np.nan
print(a)
print(np.percentile(a,50))
print(np.nanpercentile(a,50))
print(np.nanpercentile(a,50,axis=0))
print(np.nanpercentile(a,50,axis=1,keepdims=True))
```

输出：

```
[[10. nan 4.]
 [3. 2. 1.]]

nan

3.0

[6.52.2.5]

[[7.]
 [2.]]
```

4. 均值与方差

均值即平均数，是指在计算一组数据中所有数据之和再除以这组数据的个数，它是反映数据集中趋势的一项指标。方差是标准差的平方，是一项衡量一组数据离散程度的指标。

【例 3-38】均值与方差

输入：

```
a=np.array([[1.,2.],[3.,4.]])
print(a)
print(np.median(a,axis=0))

print(np.average(a))
print(np.mean(a))
print(np.average(range(1,11),weights=range(10,0,-1)))
print(np.average(a,axis=1,weights=[1./4,3./4]))
print(np.std(a,axis=1))
print(np.var(a,axis=1))
a[0][1]=np.nan
print(a)
print(np.nanvar(a,axis=1))
```

输出:

```
[[1.2.]
 [3.4.]]

[2.3.]

2.5

2.5

4.0

[1.753.75]

[0.50.5]

[0.250.25]

[[1.nan]

 [3.4.]]

[0.0.25]
```

3.2.9 NumPy 排序、搜索

NumPy 支持对数组的排序与搜索操作,常见的搜索排序函数见表 3-6。

表 3-6　　　　　　　　　　　　　常用的搜索排序函数

	函　　数	说　　明
排序	sort(a[,axis,kind,order])	axis 参数默认值都为-1,即沿着数组的最后一个轴进行排序,不改变原始数组
	argsort(a[,axis,kind,order])	对数组 a 排序,返回一个排序后索引,a 不变
	lexsort(keys[,axis])	是间接排序,支持对数组按指定行或列的顺序排序;lexsort 不修改原始数组,返回索引
搜索	argmax(a[,axis,out])	找到数组 a 中最大值的下标,有多个最值时得到第一个最值的下标
	nanargmax(a[,axis])	找到数组 a 中最大值的下标,有多个最值时得到第一个最值的下标(不含 nan)
	argmin(a[,axis,out])	找到数组 a 中最小值的下标,有多个最值时得到第一个最值的下标(不含 nan)
	nanargmin(a[,axis])	找到数组 a 中最小值的下标,有多个最值时得到第一个最值的下标(不含 nan)

1. 排序

(1) sort 排序

【例 3-39】sort 排序

输入:

```
a = np.array([[1,4],[3,1]])
```

```
print(np.sort(a))                #沿着最后一个轴排序
print(np.sort(a, axis=None))     #折叠成一维的数组
print(np.sort(a, axis=0))        #沿着第一轴进行排序
```

输出：

```
[[1 4]
 [1 3]]

[1 1 3 4]

[[1 1]
 [3 4]]
```

输入：

```
#针对一个结构化的数组，使用关键字顺序来指定一个字段排序
dtype = [('name', 'S10'), ('height', float), ('age', int)]
values = [('Arthur', 1.8, 41), ('Lancelot', 1.9, 38),('Galahad', 1.7, 38)]
a = np.array(values, dtype=dtype)  #create a structured array
print(np.sort(a, order='height'))
#Sort by age, then height if ages are equal
print(np.sort(a, order=['age', 'height']))
```

输出：

```
[(b'Galahad', 1.7, 38) (b'Arthur', 1.8, 41) (b'Lancelot', 1.9, 38)]

[(b'Galahad', 1.7, 38) (b'Lancelot', 1.9, 38) (b'Arthur', 1.8, 41)]
```

（2）numpy.argsort 排序

对数组 a 排序，返回一个排序后索引，a 不变，使用 numpy.argsort，见例 3-40。

【例 3-40】numpy.argsort 排序

输入：

```
x=np.array([3,1,2])
print(np.argsort(x))
y=np.array([[0,3],[2,2]])
print(np.argsort(y,axis=0))
print(np.argsort(y,axis=1))
#Sorting with keys
z = np.array([(1, 0), (0, 1)], dtype=[('x', '<i4'), ('y', '<i4')])
print(np.argsort(z, order=('x','y')))
print(np.argsort(z, order=('y','x')))
```

输出：

```
[1 2 0]
```

```
[[0 1]
 [1 0]]

[[0 1]
 [0 1]]

[1 0]

[0 1]
```

（3）numpy.lexsort 排序

lexsort 支持对数组按指定行或列的顺序排序，是间接排序。lexsort 不修改原数组，返回数组索引。对应 lexsort 一维数组是 argsort，argsort 也不修改原数组，返回数组索引。默认按最后一行元素有小到大排序，返回最后一行元素排序后索引所在位置。

【例 3-41】numpy.lexsort 排序

输入：

```
#Sort two columns of numbers
a = [1,5,1,4,3,4,4] # First column
b = [9,4,0,4,0,2,1] # Second column
ind = np.lexsort((b,a)) # Sort by a, then by b
print(ind)
print([(a[i],b[i]) for i in ind])
print([(a[i],b[i]) for i in np.argsort(a)])
```

输出：

```
[2 0 4 6 5 3 1]

[(1, 0), (1, 9), (3, 0), (4, 1), (4, 2), (4, 4), (5, 4)]

[(1, 9), (1, 0), (3, 0), (4, 4), (4, 2), (4, 1), (5, 4)]
```

输入：

```
a=np.array([[ 2, 7, 4, 2],
            [35, 9, 1, 5],
            [22, 12, 3, 2]])
#按最后一列顺序排序
print(a[np.lexsort(a.T)])
#按最后一列逆序排序
print(a[np.lexsort(-a.T)])
#按第一列顺序排序
print(a[np.lexsort(a[:,::-1].T)])
#按最后一行顺序排序
```

```
print(a.T[np.lexsort(a)].T)
#按第一行顺序排序
print(a.T[np.lexsort(a[::-1,:])].T)
```

输出：

```
[[22 12  3  2]
 [ 2  7  4  2]
 [35  9  1  5]]

[[35  9  1  5]
 [ 2  7  4  2]
 [22 12  3  2]]

[[ 2  7  4  2]
 [22 12  3  2]
 [35  9  1  5]]

[[ 2  4  7  2]
 [ 5  1  9 35]
 [ 2  3 12 22]]

[[ 2  2  4  7]
 [ 5 35  1  9]
 [ 2 22  3 12]]
```

2. 搜索

检索数组中最大值与最小值所在的下标，用 argmax() 和 argmin() 可以求最大值和最小值的下标。如果不指定 axis 参数，则返回平坦化之后的数组下标。

【例 3-42】搜索

输入：

```
a = np.arange(6).reshape(2,3)
print(np.argmax(a))
print(np.argmax(a, axis=0))
print(np.argmax(a, axis=1))
b = np.arange(6)
b[1] = 5
print(np.argmax(b))        #得到第一个最值的下标
c= np.array([[np.nan, 4], [2, 3]])
print(np.argmax(c))
print(np.nanargmax(c))
print(np.nanargmax(c, axis=0))
print(np.nanargmax(c, axis=1))
```

输出：

```
5

[1 1 1]

[2 2]

1

5

5

[1 1 1]

[2 2]
```

3.2.10　NumPy 数据的保存

NumPy 模块下保存的数据有 np.loadtxt 和 np.savetxt 可以读写一维和二维数组，如果想将多个数组保存到一个文件中，可以用 numpy.savez 函数。本书主要介绍 np.load 和 np.save 如何将数组以二进制格式保存到磁盘。np.load 和 np.save 是读写磁盘数组数据的两个主要函数，默认情况下，数组是以未压缩的原始二进制格式保存在扩展名为.npy 的文件中，见例 3-43。

【例 3-43】NumPy 保存操作

输入：

```
A = np.arange(15).reshape(3,5)
#在当前目录下保存A
np.save("A.npy",A)        #如果末尾没有扩展名.npy，则该扩展名会被自动加上
B=np.load("A.npy")
print(B)
```

输出：

```
[[ 0  1  2  3  4]
 [ 5  6  7  8  9]
 [10 11 12 13 14]]
```

注：保存为 NumPy 专用的二进制格式后，就不能用 notepad++等工具查看文件内容了，会出现乱码，因此建议在不需要看保存文件内容的情况下使用这种方式。

第4章　常用科学计算模块快速入门

为什么 Python 适合科学计算？

科学计算领域最流行的软件当属 Matlab，而 Python 是一种面向对象的、动态的程序设计语言，它具有非常简洁而清晰的语法，适合完成各种复杂任务。并且，随着 NumPy、Pandas、SciPy、Matplotlib 等众多程序库的发布和发展，Python 越来越适合做科学计算。它既可以用来快速开发程序脚本，也可以用来开发大规模的软件。

4.1　Pandas 科学计算库

4.1.1　初识 Pandas

Pandas 由 AQR Capital Management 于 2008 年开发，并于 2009 年底开源发布，目前由专注于 Python 数据包开发的 PyData 开发团队继续开发和维护。本书中使用的版本是 Pandas-0.22.0。Pandas 基于 NumPy 开发，提供了大量快速便捷的数据处理方法，对数据的处理工作十分有用，它是支撑 Python 成为强大而高效的科学计算语言的重要因素之一。

【例 4-1】查看 Pandas 版本

输入：

```
import pandas as pd
print(pd.__version__)
```

输出：

```
0.22.0
```

【例 4-2】初识 Pandas 操作

输入：

```
dates = pd.date_range("20130101",periods=6)
df = pd.DataFrame(np.random.rand(6,4),index=dates,columns=list
```

```
("ABCD"))
#1.获取数据
print("获取 df 数据:\n{}".format(df))
#2.观察数据
print("获取前两行数据:\n{}".format(df.head(2)))
print("获取后两行数据:\n{}".format(df.tail(2)))
#3.查看属性和原始 ndarray
print("获取数据结构中索引".format(df.index))
print("获取维度基本属性:\n{}".format(df.shape))
print("获取数据结构中的实际数据:\n{}".format(df.values))
print("获取数据结构中 A 列的实际数据:\n{}".format(df[["A"]].values))
#4.描述统计量
print("描述统计量:\n{}".format(df.describe()))
```

输出:

```
获取 df 数据:
                    A         B         C         D
2013-01-01   0.020064  0.835501  0.441907  0.180441
2013-01-02   0.331319  0.698038  0.019154  0.351405
2013-01-03   0.366511  0.204791  0.047254  0.446674
2013-01-04   0.570611  0.225375  0.043786  0.802882
2013-01-05   0.608821  0.375899  0.010477  0.259417
2013-01-06   0.394449  0.189670  0.450094  0.700865
获取前两行数据:
                    A         B         C         D
2013-01-01   0.020064  0.835501  0.441907  0.180441
2013-01-02   0.331319  0.698038  0.019154  0.351405
获取后两行数据:
                    A         B         C         D
2013-01-05   0.608821  0.375899  0.010477  0.259417
2013-01-06   0.394449  0.189670  0.450094  0.700865
获取数据结构中索引:
DatetimeIndex(['2013-01-01', '2013-01-02', '2013-01-03', '2013-01-04',
                '2013-01-05', '2013-01-06'],
                dtype='datetime64[ns]', freq='D')
获取维度基本属性:
(6, 4)
获取数据结构中的实际数据:
[[0.0200644   0.83550056  0.44190724  0.18044119]
 [0.33131908  0.69803846  0.01915373  0.35140474]
 [0.36651099  0.20479141  0.04725439  0.4466739 ]
 [0.5706111   0.22537529  0.04378595  0.8028824 ]
 [0.6088207   0.37589875  0.01047748  0.25941727]
 [0.39444884  0.18966954  0.45009361  0.70086478]]
获取数据结构中 A 列的实际数据:
[[0.0200644 ]
```

```
[0.33131908]
[0.36651099]
[0.5706111 ]
[0.6088207 ]
[0.39444884]]
```
描述统计量：
```
              A         B         C         D
count  6.000000  6.000000  6.000000  6.000000
mean   0.381963  0.421546  0.168779  0.456947
std    0.210230  0.278970  0.215209  0.247340
min    0.020064  0.189670  0.010477  0.180441
25%    0.340117  0.209937  0.025312  0.282414
50%    0.380480  0.300637  0.045520  0.399039
75%    0.526571  0.617504  0.343244  0.637317
max    0.608821  0.835501  0.450094  0.802882
```

　　在例 4-2 中，我们利用 NumPy 构建了一个 Pandas 下的 DataFrame 对象，并对其进行了一些基本操作，以方便读者对 Pandas 的理解。可以看出，Pandas 在数据预处理与数据挖掘过程中起着非常重要的作用。下面我们将根据 Pandas 官方文档中的众多功能，结合实际操作，选取常用操作进行介绍。

4.1.2　Pandas 基本操作

1. Pandas 中的数据结构

　　目前，Pandas 中的数据结构有 3 种：Series、DataFrame 和 Panel。如表 4-1 所示，本书主要围绕着 Series 和 DataFrame 这两个核心数据结构展开。

表 4-1　　　　　　　　　　　　　　Pandas 中的数据结构

数 据 结 构	维　度	轴 标 签
Series	一维	index（唯一的轴）
DataFrame	二维	index（行）和 columns（列）
Panel	三维	items、major_axis 和 minor_axis

2. Series 数据结构

　　Series 是 Pandas 中最基本的对象，它定义了 NumPy 的 ndarry 对象的接口__arrat__()，因此可以利用 NumPy 的数组处理函数直接处理 Series 对象。它是由相同元素类型构成的一维数据结构，同时具有列表和字典的属性（字典的属性由索引赋予）。

　　Series 的基本创建方式为：

```
pd.Series(data=None, index=None)
```

　　❑　data：传入数据，可以传入多种类型。
　　❑　index：索引，在不指定 index 的情况下，默认数值索引 range(0,len(data))。

【例 4-3】 创建 Series

输入：

```
data=[0,1,2]
index=["a","b","c"]
s=pd.Series(data=data,index=index)
print("s=\n{}".format(s))
print("s.index={}".format(s.index))
print("s.values={}".format(s.values))
print("s.dtype={}".format(s.dtype))
s1=pd.Series(data=data)
print("不指定 index 情况下的 Series,s1=\n{}".format(s1))
data1={"a":0,"b":1,"c":2}
s2=pd.Series(data=data,index=index)
print("传入 data 为字典,key 会被解析为 index,value 会被解析为 data,s2=\n{}".format(s2))
```

输出：

```
s=
a    0
b    1
c    2
dtype: int64
s.index=Index(['a', 'b', 'c'], dtype='object')
s.values=[0 1 2]
s.dtype=int64
不指定 index 情况下的 Series,s1=
0    0
1    1
2    2
dtype: int64
传入 data 为字典,key 会被解析为 index,value 会被解析为 data,s2=
a    0
b    1
c    2
dtype: int64
```

3. DataFrame 数据结构

DataFram 是表格型的数据结构，它含有一组有序的列，每列可以是不同的值类型（数值、字符串、布尔值等）。DataFrame 既有行索引，也有列索引，它可以被看成由 Series 组成的字典（共用同一个索引）。

DataFrame 的基本创建方式为：

```
pd.DataFrame(data=None, index=None,columns=None)
```

- ❑　data：传入数据，可以传入多种类型[①]。
- ❑　index：行索引，不指定自动数值索引填充。
- ❑　columns：列索引，不指定自动数值索引填充。

【例 4-4】创建 DataFrame

输入：

```
data=np.array([[1,2,3],[0,1,2]])
index=["a","b"]
columns=["col1","col2","col3"]
df1=pd.DataFrame(data=data,index=index,columns=columns)
print("df1=\n{}".format(df1))
df2=pd.DataFrame(data=data)
print("无索引情况 DataFrame,df2=\n{}".format(df2))
data1={'Bob':['M',51,'worker',7000],'jack':['M',28,'doctor',10000.0],'Alice':['F',21,
'student',0.0]}
index=["gender","age","profession","income"]
df3=pd.DataFrame(data=data1,index=index)
print("传入 data 为字典,df3=\n{}".format(df3))
dict = {"col1": {"row1": 1,"row2": 2,},"col2": {"row1": 4,"row2": 5,}}
df4=pd.DataFrame(data=dict)
print("传入一个嵌套的字典,DataFrame 就会被解释为：外层字典的键作为列，内层键则作为行索引。")
print("df4=\n{}".format(df4))
```

输出：

```
df1=
   col1  col2  col3
a    1     2     3
b    0     1     2
无索引情况 DataFrame,df2=
   0  1  2
0  1  2  3
1  0  1  2
传入 data 为字典,df3=
             Alice      Bob      jack
gender           F        M         M
age             21       51        28
profession student   worker    doctor
income           0     7000     10000
df4=
      col1  col2
row1     1     4
row2     2     5
```

[①] data 的参数可以是二维数组或者能转化为二维数组的嵌套列表或字典，字典中的每个键-值对将成为 Data Frame 对象的列，值可以是一维数组、列表或 Series 对象。

通过例 4-3 与例 4-4，可以基本初步了解 Pandas 在内存中创建 Series 及 DataFrame 的操作。需要注意，data 的行列信息（index、columns）。同时 Pandas 也支持本地读取文件，比如 pd.to_csv 读取 csv 文件等类型文件，具体见表 4-2。

表 4-2　　　　　　　　　　　　　　Pandas 读取文件形式

函数	说明
read_csv()	从 csv 格式的文本文件读取数据
read_excel()	从 Excel 文件读取数据
HDFStore()	使用 HDF5 文件读写数据
read_sql()	从 SQL 数据库的查询结果载入数据
read_pickle()	读入 pickle()序列化后的数据

4. 数据的选取与清洗

对 DataFrame 进行选择，要从 3 个层次考虑：行列、区域、单元格。

（1）使用中括号[]选取行列

使用中括号[]，返回的是一维数组，行维度。输入要求是整数切片、标签切片、布尔数组，具体规则见表 4-3。

表 4-3　　　　　　　　　　　　使用中括号[]选取行列规则

df[] 使用中括号形式	
一维	
选取行	选择列
整数切片、标签切片、<布尔数组> ❑ 整数，如 5 ❑ 整数列表或数组，如[4，3，0] ❑ int 1:7 的 slice 对象 ❑ 单个标签，例如 5 或'a'（注意，5 被解释为索引的标签。这种使用是不是沿着索引的整数位置） ❑ 标签的列表或数组['a','b','c'] ❑ 具有标签'a':'f'的切片对象（请注意，与通常的 Python 切片相反，包括开始和停止） ❑ 一个布尔数组	标签索引、标签列表、标签相关的 Callable ❑ 单个标签，例如 5 或'a'（注意，5 被解释为索引的标签） ❑ 标签的列表或数组['a','b','c'] ❑ 具有标签'a':'f'的切片对象（请注意，与通常的 Python 切片相反，包括开始和停止） ❑ 一个布尔数组 ❑ 具有一个参数（调用 Series、DataFrame 或 Panel）的 callable 函数，并返回有效的索引输出（上述之一）
df[:3] df['a':'c'] df[[True,True,True,False,False,False]] # 前 3 行（布尔数组长度等于行数） df[df['A']>0] # A 列值大于 0 的行 df[(df['A']>0)|(df['B']>0)] # A 列值大于 0，或者 B 列大于 0 的行 df[(df['A']>0) & (df['C']>0)] # A 列值大于 0，并且 C 列大于 0 的行	df['A'] #返回的是 Series，与 df.A 效果相同 df[["A"]] #返回的是 DataFrame df[['A','B']] df[lambda df: df.columns[0]] # Callable
总结：在使用中括号[]选取数据时，只有当出现以 columns 标签相关的检索时，为进行列检索，其他情况均为对行的处理	

（2）df.loc[] 标签定位，行和列的名称，具体操作见表 4-4。

表 4-4　　　　　　　　　　　　　df.loc[]规则

df.loc[] 标签定位	
二维，先行后列	
行维度	列维度
标签索引、标签切片、标签列表、布尔数组、Callable	标签索引、标签切片、标签列表、布尔数组、Callable
df.loc['a', :] df.loc['a':'d', :] df.loc[['a','b','c'], :] df.loc[[True,True,True,False,False,False], :] # 前 3 行（布尔数组长度等于行数） df.loc[df['A']>0, :] df.loc[df.loc[:,'A']>0, :] df.loc[df.iloc[:,0]>0, :] df.loc[lambda _df: _df.A > 0, :]	df.loc[:, 'A'] df.loc[:, 'A':'C'] df.loc[:, ['A','B','C']] df.loc[:, [True,True,True]] # 前 3 列（布尔数组长度等于行数） df.loc[:, df.loc['a']>0] # a 行大于 0 的列 df.loc[:, df.iloc[0]>0] # 0 行大于 0 的列 df.loc[:, lambda _df: ['A', 'B']]

总结：在使用中括号[]选取数据时，只有当出现以 columns 标签相关的检索时，为进行列检索，其他情况均为对行的处理

注：行标签从 A 到 C 行（与切片不同，这种情况下包含开头，也包含结束）。

（3）df.iloc[] 整型索引（绝对位置索引），绝对意义上的几行几列，起始索引为 0，具体操作见表 4-5。

表 4-5　　　　　　　　　　　　　df.iloc[]规则

df.iloc[] 整型索引	
二维，先行后列	
行维度	列维度
整数索引、整数切片、整数列表、布尔数组	整数索引、整数切片、整数列表、布尔数组、Callable
df.iloc[3, :] df.iloc[:3, :] df.iloc[[0,2,4], :] df.iloc[[True,True,True,False,False,False], :] # 前 3 行（布尔数组长度等于行数） df.iloc[df['A']>0, :]　　　　#× df.iloc[df.loc[:,'A']>0, :] #× df.iloc[df.iloc[:,0]>0, :]　#× df.iloc[lambda _df: [0, 1], :]	df.iloc[:, 1] df.iloc[:, 0:3] df.iloc[:, [0,1,2]] df.iloc[:, [True,True,True]] # 前 3 列（布尔数组长度等于行数） df.iloc[:, df.loc['a']>0] #× df.iloc[:, df.iloc[0]>0]　#× df.iloc[:, lambda _df: [0, 1]]

总结：在使用中括号[]选取数据时，只有当出现以 columns 标签相关的检索时，为进行列检索，其他情况均为对行的处理

注：iloc 参数是一个 slice 对象，和 Python 中可迭代对象用法是一致的。[start, end, step)用法为下标从 0 开始，包含开头，不包含结束。

（4）df.ix[]是 iloc 和 loc 的合体，具体操作见表 4-6。

表 4-6　　　　　　　　　　　　　df.ix[]规则

df.ix[]是 iloc 和 loc 的合体	
二维，先行后列	
行维度	列维度
整数索引、整数切片、整数列表、 标签索引、标签切片、标签列表、布尔数组、Callable	整数索引、整数切片、整数列表、 标签索引、标签切片、标签列表、 布尔数组、Callable

续表

df.ix[]是 iloc 和 loc 的合体	
df.ix[0, :]	df.ix[:, 0]
df.ix[0:3, :]	df.ix[:, 0:3]
df.ix[[0,1,2], :]	df.ix[:, [0,1,2]]
df.ix['a', :]	df.ix[:, 'A']
df.ix['a':'d', :]	df.ix[:, 'A':'C']
df.ix[['a','b','c'], :]	df.ix[:, ['A','B','C']]

总结：在使用中括号[]选取数据时，只有当出现以 columns 标签相关的检索时为进行列检索，其他情况均为对行的处理

（5）df.at[]与 df.iat[]精确定位单元格，具体操作见表 4-7。

表 4-7　　　　　　　　　　　　df.at[]与 df.iat[]规则

df.at[]		df.iat[]	
行维度	列维度	行维度	列维度
标签索引		整数索引	
df.at['a', 'A']		df.iat[0, 0]	

总结：在使用中括号[]选取数据时，只有当出现以 columns 标签相关的检索时，为进行列检索，其他情况均为对行的处理

5. 数据清洗

无论是数据挖掘工程师、机器学习工程师，还是深度学习工程师，都非常了解数据真实性的重要性。数据真实性决定着特征维度的选择规则，那么对于数据准备阶段（包含数据的抽取、清洗、转换和集成）常常占据了 50%左右的工作量。而在数据准备的过程中，数据质量差又是最常见而且最令人头痛的问题。本文基于 Pandas，针对缺失值和特殊值这种数据质量问题，提出了推荐的处理方法。

【例 4-5】构建 Dataframe

输入：

```
df = pd.DataFrame(np.random.randint(1,10,[5,3]), index=['a', 'c', 'e', 'f', 'h'],colu
mns=['one', 'two', 'three'])
df.loc["a","one"] = np.nan
df.loc["c","two"] = -99
df.loc["c","three"] = -99
df.loc["a","two"] = -100
df['four'] = 'bar'
df['five'] = df['one'] > 0
df2 = df.reindex(['a', 'b', 'c', 'd', 'e', 'f', 'g', 'h'])
print(df2)
```

输出：

	one	two	three	four	five
a	NaN	-100.0	7.0	bar	False
b	NaN	NaN	NaN	NaN	NaN
c	8.0	-99.0	-99.0	bar	True
d	NaN	NaN	NaN	NaN	NaN
e	6.0	2.0	3.0	bar	True
f	3.0	6.0	5.0	bar	True
g	NaN	NaN	NaN	NaN	NaN
h	9.0	7.0	3.0	bar	True

【例 4-6】基于例 4-5 df2 进行缺失值处理

```
#丢弃缺失值 dropna()
Input:
print("删除缺失值所在行(axis=0)或列(axis=1)，默认为 axis=0, df2.
dropna(axis=0)=\n{} ". format(df2.dropna(axis=0)))
```

输出：

删除缺失值所在行(axis=0)或列(axis=1)，默认为 axis=0, df2.dropna(axis=0)=

	one	two	three	four	five
c	8.0	-99.0	-99.0	bar	True
e	6.0	2.0	3.0	bar	True
f	3.0	6.0	5.0	bar	True
h	9.0	7.0	3.0	bar	True

输入：

```
print("一行中全部为 NaN 的，才丢弃该行 df2.dropna(how='all')=\n{}".
format(df2.dropna (how='all')))
```

输出：

一行中全部为 NaN 的，才丢弃该行 df2.dropna(how='all')=

	one	two	three	four	five
a	NaN	-100.0	7.0	bar	False
c	8.0	-99.0	-99.0	bar	True
e	6.0	2.0	3.0	bar	True
f	3.0	6.0	5.0	bar	True
h	9.0	7.0	3.0	bar	True

输入：

```
print("移除所有行字段中有值属性小于等于 4 的行, df2.dropna(thresh=4)=\n{}". format(df2.dropna
(thresh=4)))
```

输出：

移除所有行字段中有值属性小于等于 4 的行，df2.dropna(thresh=4)=

```
   one    two   three  four  five
a  NaN  -100.0   7.0   bar   False
c  8.0   -99.0  -99.0  bar   True
e  6.0    2.0    3.0   bar   True
f  3.0    6.0    5.0   bar   True
h  9.0    7.0    3.0   bar   True
```

输入：

```
print("参数 subset 移除指定列为空的所在行据,df2.dropna(subset=['one',
'five'])=\n{}".format (df2.dropna(subset=['one', 'five'])))
```

输出：

参数 subset 移除指定列为空的所在行数据,df2.dropna(subset=['one', 'five'])=

```
   one   two   three  four  five
c  8.0  -99.0  -99.0  bar   True
e  6.0   2.0    3.0   bar   True
f  3.0   6.0    5.0   bar   True
h  9.0   7.0    3.0   bar   True
```

```
#缺失值填充 fillna()
```

输入：

```
print("缺失值以 0 填充, df2.fillna(0)=\n{}".format(df2.fillna(0)))
```

输出：

缺失值以 0 填充，df2.fillna(0)=

```
   one    two   three  four  five
a  0.0  -100.0   7.0   bar   False
b  0.0    0.0    0.0    0    0
c  8.0   -99.0  -99.0  bar   True
d  0.0    0.0    0.0    0    0
e  6.0    2.0    3.0   bar   True
f  3.0    6.0    5.0   bar   True
g  0.0    0.0    0.0    0    0
h  9.0    7.0    3.0   bar   True
```

输入：

```
print("指定列空值赋值=\n{}".format(df2.fillna({"one":0,"two":0.5,
"five":10})))
```

输出：

```
指定列空值赋值=
     one     two   three   four   five
a    0.0  -100.0     7.0    bar  False
b    0.0     0.5     NaN    NaN     10
c    8.0   -99.0   -99.0    bar   True
d    0.0     0.5     NaN    NaN     10
e    6.0     2.0     3.0    bar   True
f    3.0     6.0     5.0    bar   True
g    0.0     0.5     NaN    NaN     10
h    9.0     7.0     3.0    bar   True
```

输入：

```
print("向前填充值,df2.fillna(method='ffill')=\n{}".format(df2.
fillna(method='ffill')))
```

输出：

```
向前填充值,df2.fillna(method='ffill')=
     one     two   three   four   five
a    NaN  -100.0     7.0    bar  False
b    NaN  -100.0     7.0    bar  False
c    8.0   -99.0   -99.0    bar   True
d    8.0   -99.0   -99.0    bar   True
e    6.0     2.0     3.0    bar   True
f    3.0     6.0     5.0    bar   True
g    3.0     6.0     5.0    bar   True
h    9.0     7.0     3.0    bar   True
```

可用的填充方法如表 4-8 所示。

表 4-8　　　　　　　　　　　可用的填充方法

方　　法	行　　动
pad/ffill	向前填充值
bfill/backfill	向后填充值

注：处理时间序列数据，使用 pad/ffill 十分常见，因此 "最后已知值" 在每个时间点都可用。fill()函数等效于 fillna(method='ffill')，bfill()等效于 fillna(method= 'bfill')。

输入：

```
print("以列均值来替换列中的空值, df2.fillna(df2.mean()
['one':'three'])=\n{}".format(df2.fillna(df2.mean()['one':'three'])))
```

输出：

以列均值来替换列中的空值, df2.fillna(df2.mean()['one':'three'])=

```
      one      two   three  four    five
a     6.5   -100.0     7.0   bar   False
b     6.5    -36.8   -16.2   NaN     NaN
c     8.0    -99.0   -99.0   bar    True
d     6.5    -36.8   -16.2   NaN     NaN
e     6.0      2.0     3.0   bar    True
f     3.0      6.0     5.0   bar    True
g     6.5    -36.8   -16.2   NaN     NaN
h     9.0      7.0     3.0   bar    True
```

通常我们想用其他值替换任意值。在 Series / DataFrame 中可以使用 replace 方法，它提供了一种高效而灵活的方法来执行此类替换。

【例 4-7】基于例 4.5 df2 进行缺失值处理

输入：

```
print("使用另一个值替换单个值或值列表，df2.replace(-99, 99)=\n{}".
format(df2.replace(-99, 99)))
```

输出：

```
使用另一个值替换单个值或值列表，df2.replace(-99, 99)=
      one      two   three  four    five
a     NaN   -100.0     7.0   bar   False
b     NaN      NaN     NaN   NaN     NaN
c     8.0     99.0    99.0   bar    True
d     NaN      NaN     NaN   NaN     NaN
e     6.0      2.0     3.0   bar    True
f     3.0      6.0     5.0   bar    True
g     NaN      NaN     NaN   NaN     NaN
h     9.0      7.0     3.0   bar    True
```

输入：

```
print("指定单列替换，df2[['two']].replace(-99, 99)=\n{}".format(
df2[["two"]].replace(-99, 99)))
```

输出：

```
指定单列替换，df2[['two']].replace(-99, 99)=
        two
a    -100.0
b       NaN
c      99.0
d       NaN
e       2.0
f       6.0
g       NaN
```

```
h    7.0
```

输入：

```
#等价于 df2.replace([-99,-100],[99,100])，使用值列表替换值列表
print("指定映射 dict=\n{}".format(df2.replace({-99:99, -100:100})))
```

输出：

```
指定映射 dict=
    one    two   three  four   five
a   NaN  100.0    7.0   bar  False
b   NaN    NaN    NaN   NaN    NaN
c   8.0   99.0   99.0   bar   True
d   NaN    NaN    NaN   NaN    NaN
e   6.0    2.0    3.0   bar   True
f   3.0    6.0    5.0   bar   True
g   NaN    NaN    NaN   NaN    NaN
h   9.0    7.0    3.0   bar   True
```

通常在数据预处理过程中，如果数据特征维度量比较大，我们会丢弃一些弱特征。如果在 DataFrame 中需要标识和删除重复行，有两种有效的方法：duplicated 和 drop_duplicates。每个都将用作标识重复行的列作为参数。

❑　duplicated：返回布尔向量，其长度为行数，并指示行是否重复。
❑　drop_duplicates：删除重复的行。

默认情况下，重复集的第一个观察到的行被认为是唯一的，但每个方法都有一个 keep 参数来指定要保留的目标。

❑　keep='first'（默认）：除第一次出现之外，标记/删除重复项。
❑　keep='last'：标记/删除除了最后一次出现的副本。
❑　keep=False：标记/删除所有重复项。

【例 4-8】标识和删除重复行

输入：

```
print("每行完全一样才算重复，返回布尔向量，重复返回 True，不重复为 False，结果为 Series 类型")
print(df2.duplicated())
```

输出：

```
每行完全一样才算重复，返回布尔向量，重复返回 True，不重复为 False，结果为 Series 类型
a    False
b    False
c    False
d     True
e    False
```

```
f     False
g      True
h     False
dtype: bool
```

通过 df2.duplicated() 返回一个 Series，其中 d 行与 g 行数据全部为"nan"，完全重复，返回 True，其他返回 False。

输入：

```
print("针对'one'列除第一次出现之外，之后出现均做标记，返回为 True")
print(df2.duplicated('one',keep='first'))
```

输出：

```
针对'one'列除第一次出现之外，之后出现均做标记，返回为 True
a     False
b      True
c     False
d      True
e     False
f     False
g      True
h     False
dtype: bool
```

输入：

```
print("针对'one'列除第一次出现之外，之后出现删除重复项")
print(df2.drop_duplicates('one',keep='first'))
```

输出：

```
针对'one'列除第一次出现之外，之后出现删除重复项
    one    two   three four    five
a   NaN  -100.0    7.0  bar   False
c   8.0   -99.0  -99.0  bar    True
e   6.0     2.0    3.0  bar    True
f   3.0     6.0    5.0  bar    True
h   9.0     7.0    3.0  bar    True
```

输入：

```
print("针对'one'列删除除了最后一次出现的重复项")
print(df2.drop_duplicates('one', keep='last'))
```

输出：

```
针对'one'列删除除了最后一次出现的重复项
    one    two  three four  five
```

```
c  8.0  -99.0  -99.0  bar  True
e  6.0   2.0    3.0   bar  True
f  3.0   6.0    5.0   bar  True
g  NaN   NaN    NaN   NaN  NaN
h  9.0   7.0    3.0   bar  True
```

输入：

```
print("针对'one'列，删除所有重复项")
print(df2.drop_duplicates('one', keep=False))
```

输出：

```
针对'one'列，删除所有重复项
   one    two   three four  five
c  8.0  -99.0  -99.0  bar  True
e  6.0   2.0    3.0   bar  True
f  3.0   6.0    5.0   bar  True
h  9.0   7.0    3.0   bar  True
```

4.2　Matplotlib 可视化图库

4.2.1　初识 Matplotlib

Matplotlib 是 Python 中常用的可视化工具之一，使用它可以非常方便地创建海量类型的二维（2D）图表和一些基本的三维（3D）图表。Matplotlib 最早是为可视化癫痫病人脑皮层电图的相关信号而研发的，因为它在函数的设计上参考了 Matlab，所以叫作 Matplotlib。在开源社区的推动下，当前各科学计算领域基于 Python 的 Matplotlib 都得到了广泛应用。Matplotlib 的原作者 John D. Hunter 博士是一名神经生物学家，2012 年不幸因癌症去世，感谢他创建了这样一个伟大的库。

▲图 4-1　John D. Hunter

【例 4-9】查看 Matplotlib 版本

输入：

```
import matplotlib
print(matplotlib.__version__)
```

输出：

```
2.1.2
```

在 Python 中调用 Matplotlib，通常使用 import matplotlib.pyplot 调用 Matplotlib 集成的快速

绘图 pyplot①模块，由于 Matplotlib 采用面向对象的技术来实现，因此组成图表的各个元素都是对象。在编写大型的应用程序时，通过面向对象的方式使用 Matplotlib 更加有效，但是使用这种面向对象的调用接口进行绘图比较烦琐，因此通常调用快速绘图命令。

【例 4-10】初识 Matplotlib 操作，程序运行结果如图 4-2 所示

输入：

```
import numpy as np
import matplotlib.pyplot as plt
# 1D data
x = [1, 2, 3, 4]
y = [3, 5, 10, 25]
plt.subplot(241)
plt.plot(x,y)
plt.title("plot")
plt.subplot(242)
plt.scatter(x, y)
plt.title("scatter")
plt.subplot(243)
plt.pie(y)
plt.title("pie")
plt.subplot(244)
plt.bar(x, y)
plt.title("bar")
plt.subplot(245)
plt.boxplot(y,sym='o')
plt.title("box")
plt.subplot(246)
t = np.arange(0., 5., 0.2)
# red dashes, blue squares and green triangles
plt.plot(t, t, 'r--', t, t**2, 'bs', t, t**3, 'g^')
plt.title("Pyplot Three")
delta = 0.025
cx = cy = np.arange(-3.0, 3.0, delta)
X, Y = np.meshgrid(cx, cy)
Z    = Y**2 + X**2
plt.subplot(247)
plt.contour(X,Y,Z)
plt.colorbar()
plt.title("contour")
# read image，其中 imshow.png 是加载本地图片
import matplotlib.image as mpimg
img=mpimg.imread('imshow.png')
plt.subplot(248)
```

---

① matplotlib 通过 pyplot 模块提供了一套和 Matlab 类似的绘图 API，将众多绘图对象所构成的复杂结构隐藏在这套 API 内部。

```
plt.imshow(img)
plt.title("imshow")
plt.show()
```

输出：

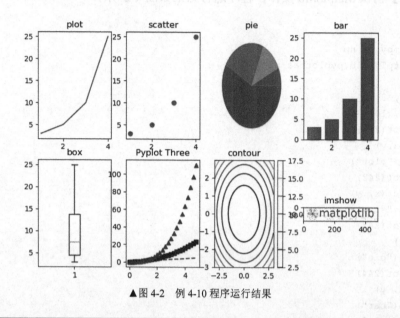

▲图 4-2　例 4-10 程序运行结果

🏵小贴士：

　　Matplotlib 还提供了一个名为 pylab 的模块，其中包括了许多 NumPy 和 pyplot 模块中的常用函数，方便用户快速计算和绘图，十分适合在 IPython 交互式环境中使用。pylab 的常用别名为 pl，在导入模块时输入：import pylab as pl。

4.2.2　Matplotlib 基本操作

　　在 Matplotlib 中，整个图像为一个 Figure 对象。Figure 对象中可以包含一个或者多个 Axes 对象，每个 Axes(ax)对象都是一个拥有自己坐标系统的绘图区域，其所属关系如图 4-3 所示。

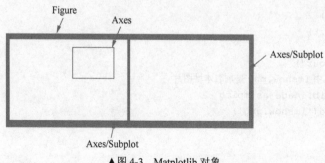

▲图 4-3　Matplotlib 对象

如图 4-3 所示，整个图像是 Figure（fig）对象。我们的绘图中只有一个坐标系区域，也就是 Axes(ax)。每个 ax 对象都是一个拥有自己坐标系统的绘图区域，其所属关系如图 4-4 所示。

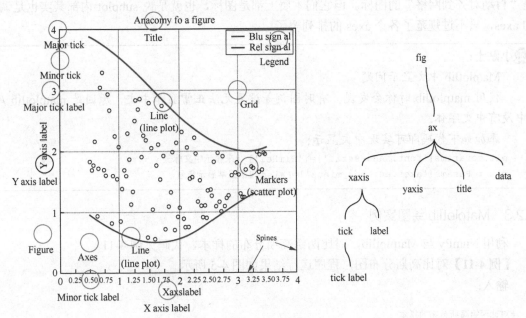

▲图 4-4　Axes 对象

对应图 4-4，是以一个直线图来详解图像内部的各个组件内容，见表 4-9。

表 4-9　图像内部各个组件内容

组　件	说　明
Figure	整个图像
Axes	轴，灵活的子图
Grid	网格
Title	标题
Legend	图例
line	图像中的线
markers	图像中的点
Spines	连接轴刻度标记的线，而且标明了数据区域的边界
Major tick	主刻度
Minor tick	分刻度
Major tick label	主刻度标签
Y axis label	y 轴标签
Minor tick label	分刻度标签
X axis label	x 轴标签

注：你可以把 fig 想象成 Windows 的桌面，桌面可以有多个。这样，axes 就是桌面上的图标，subplot 也是图标，它们的区别在于 axes 是自由摆放的图标，甚至可以相互重叠，而 subplot 是"自动对齐到网格"的图标。但它们本质上都是图标，也就是说 subplot 内部其实也是调用的 axes，只不过规范了各个 axes 的排列罢了。

小贴士：

Matplotlib 中文显示问题

使用 matplotlib 时你会发现，有时图例等设置无法正常显示中文，原因是 matplotlib 库中没有中文字体。

添加如下代码即可实现中文显示：

```
plt.rcParams['font.sans-serif']=['SimHei'] #来显示中文标签
plt.rcParams['axes.unicode_minus']=False #来正常显示负号
```

4.2.3　Matplotlib 绘图案例

利用 NumPy 与 Matplotlib，对比两组高斯分布的样本，代码见例 4-11。

【例 4-11】 对比高斯分布图，程序运行结果如图 4-5 所示

输入：

```
#对比两组高斯分布的样本
import numpy as np
from matplotlib import pyplot as plt

#np.random.normal 构建两组观察数据
samples1 = np.random.normal(0, size=1000)
samples2 = np.random.normal(1, size=1000)

#绘制样本直方图
bins = np.linspace(-4, 4, 30)
histogram1, bins = np.histogram(samples1, bins=bins, normed=True)
histogram2, bins = np.histogram(samples2, bins=bins, normed=True)
#绘制图像，并显示
plt.figure(figsize=(6, 4))
plt.hist(samples1, bins=bins, normed=True, label="Samples 1")
plt.hist(samples2, bins=bins, normed=True, label="Samples 2")
plt.legend(loc='best')
plt.show()
```

输出：

正态分布（Normal distribution）又名高斯分布（Gaussian distribution），是一个在数学、物理及工程等领域都非常重要的概率分布，也是对于数据分布来说最常见的分布（比如，学生的每次考试成绩理论上都是服从高斯分布的），其在统计学的许多方面都有着重大的影响力。例 4-11 中构建了两组高斯分布数据，之后利用 Matplotlib 进行图形绘制。

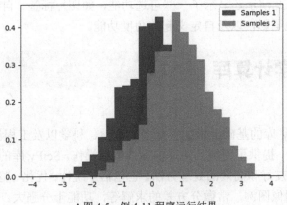

▲图 4-5 例 4-11 程序运行结果

下面来尝试绘制饼形图，当前存在 4 种动物数据，分别为 Duck、Dog、Cow、Pig，各自占比为 15%、30%、45%、10%。在数据分析中往往不能只简单地绘制表格，为了更好地观察数据，需要将数据进行可视化展示，在例 4-12 中绘制成饼形图以进行数据可视化展示。

【例 4-12】绘制饼形图案例，程序运行结果如图 4-6 所示

输入：

```
import matplotlib.pyplot as plt
labels = 'Duck', 'Dog', 'Cow', 'Pig'
sizes = [15, 30, 45, 10]
explode = (0, 0.1, 0, 0)
fig1, ax1 = plt.subplots()
ax1.pie(sizes, explode=explode, labels=labels, autopct='%1.1f%%',
        shadow=True, startangle=90)
ax1.axis('equal')

plt.show()
```

输出：

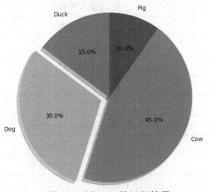

▲图 4-6 例 4-12 的运行结果

99

除了基本饼图外，此演示还显示了一些可选功能，如切片标签、自动标记百分比、用"爆炸"来偏移切片、下拉阴影，以及自定义起始角度功能。

4.3　SciPy 科学计算库

4.3.1　初识 SciPy

SciPy 是在 NumPy 库的基础上增加了众多的数学、科学以及工程计算中常用函数的库。SciPy 库依赖于 NumPy，提供了便捷且快速的 n 维数组操作。SciPy 库的构建与 NumPy 数组一起工作，并提供了许多友好和高效的处理方法。它包括了统计、优化、整合以及线性代数模块、傅里叶变换、信号和图像图例，常微分方差的求解等，功能十分强大。

【例 4-13】查看 SciPy 版本

输入：

```
import scipy
print(scipy.__version__)
```

输出：

```
1.0.0
```

SciPy 被组织成覆盖不同科学计算领域的子包，具体见表 4-10。

表 4-10　　　　　　　　　　　　SciPy 模块功能表

模　　块	功　　能
scipy.cluster	矢量量化/Kmeans
scipy.constants	物理和数学常数
scipy.fftpack	傅里叶变换
scipy.integrate	积分
scipy.interpolate	插值
scipy.io	数据输入和输出
scipy.linalg	线性代数程序
scipy.ndimage	n 维图像包
scipy.odr	正交距离回归
scipy.optimize	优化
scipy.signal	信号处理
scipy.sparse	稀疏矩阵
scipy.spatial	空间数据结构和算法
scipy.special	任何特殊的数学函数
scipy.stats	统计

4.3.2 SciPy 基本操作

SciPy 功能强大，下面列举一些 SciPy 的基础功能，以方便读者学习。

1. 积分

积分学不仅推动了数学的发展，同时也极大地推动了天文学、力学、物理学、化学、生物学、工程学、经济学等自然科学、社会科学及应用科学各个分支的发展，并在这些学科中有越来越广泛的应用。特别是计算机的出现，更有助于这些应用的不断发展。scipy.integration 提供了多种积分模块，主要分为以下两类：一种是对给出的函数公式积分，见表 4-11；另一种是对给定固定样本的函数积分。我们一般关注对数值积分的 trapz 和 cumtrapz 函数。trapz 使用复合梯形规则沿给定轴线进行求积分，cumtrapz 使用复合梯形法则累计计算积分。

表 4-11 积分函数（给定的函数对象）

函 数	说 明
quad(func, a, b[, args, full_output, …])	计算定积分
dblquad(func, a, b, gfun, hfun[, args, …])	计算二重积分
tplquad(func, a, b, gfun, hfun, qfun, rfun)	计算三重积分
nquad(func, ranges[, args, opts, full_output])	多变量积分

下面来求解定积分公式 $I(a,b) = \int_0^1 (ax^2 + b)dx$，我们选用 quad 来进行计算评估，具体见例 4-14。

【例 4-14】计算积分

输入：

```
from scipy.integrate import quad
def integrand(x,a,b):
    return a*x**2 +b
a=2
b=1
I=quad(integrand,0,1,args=(a,b))
print(I)
```

输出：

```
(1.6666666666666667, 1.8503717077085944e-14)
```

函数返回两个值，其中第一个数字是积分值，约为 1.67，第二个数值是积分值绝对误差的估计值，从结果可以看出效果较好。

2. 最小二乘拟合

假设有一组实验数据 (x_i, y_i)，它们之间的函数关系为 $y = f(x)$，通过这些已知信息，需要确定函数中的一些参数项。例如，如果 f 是一个线型函数 $f(x)=kx+b$，那么参数 k 和 b 就是我们需要确定的值。如果将这些参数用 p 表示，那么我们要找到一组 p 值，使得如下公式中的 S 函数最小：

$$S(p)=\sum_{i=1}^{m}\left[y_i-f(x_i,p)\right]^2$$

这种算法被称为最小二乘拟合（Least-square fitting）。

在 Scipy 中的子函数库 optimize 已经提供了实现最小二乘拟合算法的函数 leastsq。下面是用 leastsq 进行数据拟合的一个例子，具体见例 4-15。

【例 4-15.1】 SciPy 最小二乘法拟合

输入：

```
#导入所需模块
from scipy.optimize import leastsq
import numpy as np

#定义数据拟合所用的函数: A*sin(2*pi*k*x + theta)
def func(x, p):
    A, k, theta = p
    return A*np.sin(2*np.pi*k*x+theta)

#实验数据x, y和拟合函数之间的差, p为拟合需要找到的系数
def residuals(p, y, x):
    return y - func(x, p)

x = np.linspace(0, -2*np.pi, 100)
A, k, theta = 10, 0.34, np.pi/6    #真实数据的函数参数
y0 = func(x, [A, k, theta])    #真实数据
y1 = y0 + 2 * np.random.randn(len(x))    #加入噪声之后的实验数据
p0 = [7, 0.2, 0] #第一次猜测的函数拟合参数
#调用 leastsq 拟合, residuals 计算误差函数, p0 拟合参数初始值, args 需要拟合实验数据
plsq = leastsq(residuals, p0, args=(y1, x))
print (u"真实参数:", [A, k, theta])
print (u"拟合参数", plsq[0])
```

输出：

```
真实参数: [10, 0.34, 0.5235987755982988]
拟合参数 [10.03138142  0.34128054 -5.70587811]
```

【例 4-15.2】 可视化展现，程序运行结果如图 4-7 所示

输入：

```
import matplotlib.pyplot as plt
import pylab as pl
```

```
plt.rcParams['font.sans-serif']=['SimHei']  #用来正常显示中文标签
plt.rcParams['axes.unicode_minus']=False    #用来正常显示负号
pl.plot(x, y0, label=u"真实数据")
pl.plot(x, y1, label=u"带噪声的实验数据")
pl.plot(x, func(x, plsq[0]), label=u"拟合数据")
pl.legend()
pl.show()
```

输出：

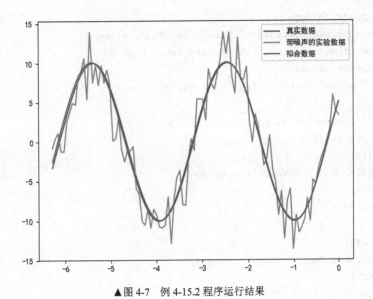

▲图 4-7　例 4-15.2 程序运行结果

4.3.3　SciPy 图像处理案例

图像识别是计算机对图像进行处理、分析和理解的过程，以识别各种不同模式的目标和对象的技术。识别过程包括图像预处理、图像分割、特征提取和判断匹配。简单来说，图像识别就是要让计算机像人一样读懂图片的内容。借助图像识别技术，我们不仅可以通过图片搜索更快地获取信息，还可以产生一种新的与外部世界交互的方式，甚至会让外部世界更加智能地运行。

SciPy 可对图像实现基本操作，如裁剪、翻转、旋转、图像滤镜等，使用整个 NumPy 机理把图像处理成数组，如图 4-8 所示。

▲图 4-8　图像处理原理

【例 4-16】SciPy 图像处理，程序运行结果如图 4-9 所示

输入：

```
#滤镜
from scipy import misc
```

```
face = misc.ascent()
#对数组进行截取
face = face[:512, -512:]
import numpy as np
#增加噪声
noisy_face = np.copy(face).astype(np.float)
noisy_face += face.std() * 0.5 * np.random.standard_normal(
face.shape)
#不同参数的噪声图
from scipy import ndimage
blurred_face = ndimage.gaussian_filter(noisy_face, sigma=3)
median_face = ndimage.median_filter(noisy_face, size=5)
from scipy import signal
wiener_face = signal.wiener(noisy_face, (5, 5))
#绘图
import matplotlib.pyplot as plt
plt.figure(figsize=(12, 3.5))
plt.subplot(141)
plt.imshow(noisy_face, cmap=plt.cm.gray)
plt.axis('off')
plt.title('noisy')

plt.subplot(142)
plt.imshow(blurred_face, cmap=plt.cm.gray)
plt.axis('off')
plt.title('Gaussian filter')

plt.subplot(143)
plt.imshow(median_face, cmap=plt.cm.gray)
plt.axis('off')
plt.title('median filter')

plt.subplot(144)
plt.imshow(wiener_face, cmap=plt.cm.gray)
plt.title('Wiener filter')
plt.axis('off')
plt.subplots_adjust(wspace=.05, left=.01, bottom=.01, right=.99, top=.99)
plt.show()
```

输出：

在例 4-16 中，将图片以像素点的形式构成数组（矩阵），之后利用数组的切割进行处理，接着采用 NumPy 增加噪声，最终绘制截图如图 4-9 所示。

noisy　　　　　Gaussian filter　　　　median filter　　　　Wiener filter

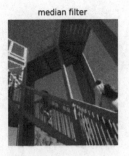

▲图 4-9　例 4-16 程序运行结果

第 5 章 Python 网络爬虫

什么是网络爬虫？

网络爬虫（又被称为网页蜘蛛、网络机器人），是一种按照一定的规则自动抓取万维网信息的程序或者脚本。爬虫一般分为数据采集、处理和存储 3 个部分。简单来说，网络爬虫程序模拟真实的人访问互联网，从网络上抓取我们需要的数据。

5.1 爬虫基础

5.1.1 初识爬虫

1. 爬虫章节的由来

由于爬虫在人工智能技术范畴中并非核心技能，因此对于是否要写爬虫的章节，我纠结许久。恰巧，QQ 群中有同学参加数学建模竞赛，问我"某种数据如何获取"，我回复"通过爬虫获取"，之后他发出了疑问；"爬虫？是什么？"。通过这次沟通，我决定在本书中简单介绍爬虫技术，希望没有接触过爬虫技术的读者对其有一定了解。

在大数据环境下，各行各业对数据信息提出了更高的要求，要想快速、准确地获取自己想要的信息，就需要对数据获取技术进行优化。从现阶段相关技术的发展情况来看，虽然现在的搜索引擎技术已经得到了充分的发展，但是对于一些复杂的信息资料或者需要海量外部数据特征来验证模型时，这些搜索引擎在数据检索中依然会出现一些问题。所以为了能够有效解决上述问题，就应该利用网络爬虫技术，进一步提高数据检索质量，更有针对性地完成数据收集任务。

2. 一个好的爬虫特征

网络爬虫从 20 世纪 90 年代开始出现，发展至今已是成熟的数据收集工具。一个好的爬虫应该具有以下特征。

- ❑ 明确的爬取目标。
- ❑ 高效的爬取策略。

❑ 有效的前置和后续处理。

❑ 高性能的运行速度。

本章将整体论述网络爬虫的工作流程及涉及的关键技术。

3. 工作原理

网络爬虫是一段程序或者脚本。网络爬虫的系统框架中，主程序由控制器、解析器和资源库组成。

控制器的主要工作是给多线程中的各个爬虫线程分配工作任务。首先，爬虫将请求访问某一站点或者网页，若能够访问，则自动下载保存其中的内容。然后，爬虫的解析模块会解析得到已爬取页面中的其他网页链接，并将这些链接作为之后爬取的目标。得益于 HTML 页面（JS 脚本标签、CSS 代码内容、空格字符、HTML 标签等）的结构化设计，爬虫在分析网页结构时可以完全不依赖于用户操作，实现自动运行。资源库是用来存放下载到的网页资源，它一般都采用大型的数据库存储，如 MySQL、MongoDB 数据库。

5.1.2 网络爬虫的算法

爬虫在工作时可以将要进行爬取的所有网页链接视为树状结构，从一个起始 URL 节点开始，顺着网页中的超链接不断进行爬取，直至进行至叶子结点。对于爬取超链接的方式，主要有以下两种算法。

（1）深度优先搜索算法

深度优先搜索算法（Depth-First-Search，DFS），选取最初的一个网页，在该网页中选取一个跳转至下一个网页的链接，在该链接跳转至的下一网页中重复该步骤，直至遍历到叶子节点。即网页中不再存在跳转至下一网页的超链接，此时从上一节点选取一个新的链接重复上述遍历过程，不断重复以上步骤，直到将该路线中的全部超链接遍历完成。在此之后，我们将选取另一个初始网页，继续重复以上遍历过程。该算法的优点是较为容易设计网络爬虫。

（2）广度优先搜索算法

该算法是爬虫先获取到初始网页中的所有链接对应的网页，再从中选择一个链接，继续获取该链接对应网页中的所有链接对应的全部网页，不断重复上述过程。该方法是理论上最佳的实现网络爬虫的方法。由于有些网络结构复杂，进行深度优先算法可能导致爬虫系统不断跳转至更深一层的超链接，导致一个分支变得无限长，而广度优先算法可以有效避免这种情况。广度优先算法使爬虫系统并行爬取相同深度的网页，极大地提高了获取信息的效率。

5.2 爬虫入门实战

5.2.1 调用 API

应用程序编程接口（Application Programming Interface，API）是一些预先定义的函数，目

的是提供应用程序与开发人员基于某软件或硬件的访问,而又无须访问源码或理解内部工作机制的细节。

　　网络爬虫是为了获取数据,API 同样也是为了获取数据,通常一些大型网站都有对外开放的 API,以提供比较详细的使用说明文档,包括使用指南、请求参数、返回参数等,如图 5-1~图 5-3[①]所示。通过网站官方提供的 API 数据接口,爬虫可以以结构化的形式获取它们的数据。这样获取的数据既方便,又不会有道德法律风险,但是它们通常会通过请求次数配额、并发上限配额来控制爬虫可获取的数据量。一般网站都可以以付费方式来提升配额,以满足数据获取需求。图 5-4[②]所示为百度免费开放的 API。

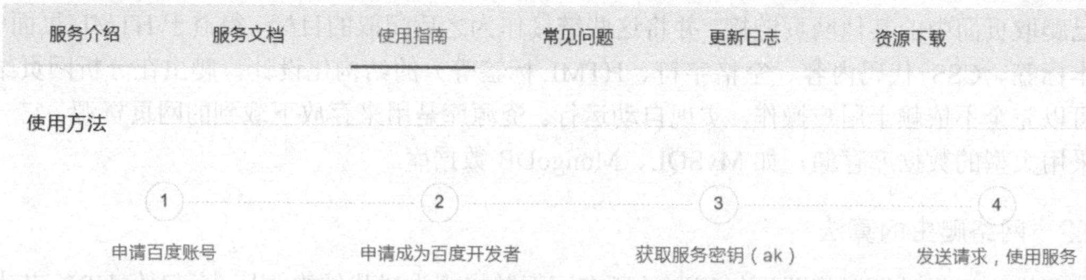

服务介绍	服务文档	使用指南	常见问题	更新日志	资源下载

使用方法

1	2	3	4
申请百度账号	申请成为百度开发者	获取服务密钥(ak)	发送请求,使用服务

▲图 5-1　百度地图 Web 服务 API 地点检索服务指南

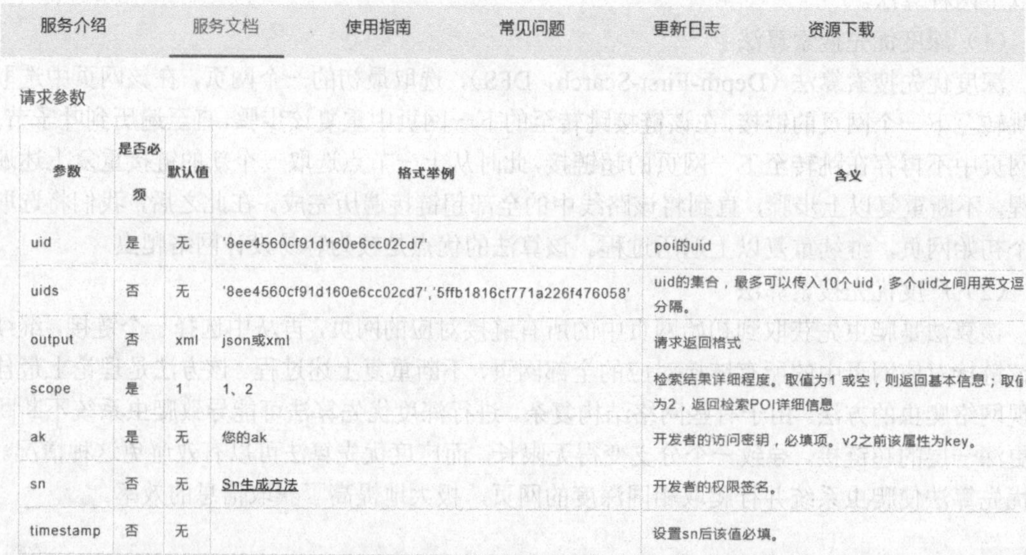

服务介绍	服务文档	使用指南	常见问题	更新日志	资源下载

请求参数

参数	是否必须	默认值	格式举例	含义
uid	是	无	'8ee4560cf91d160e6cc02cd7'	poi的uid
uids	否	无	'8ee4560cf91d160e6cc02cd7','5ffb1816cf771a226f476058'	uid的集合,最多可以传入10个uid,多个uid之间用英文逗分隔。
output	否	xml	json或xml	请求返回格式
scope	否	1	1、2	检索结果详细程度。取值为1或空,则返回基本信息;取值为2,返回检索POI详细信息
ak	是	无	您的ak	开发者的访问密钥,必填项。v2之前该属性为key。
sn	否	无	Sn生成方法	开发者的权限签名
timestamp	否	无		设置sn后该值必填。

▲图 5-2　百度地图 Web 服务 API 地点检索服务文档(请求参数)

---

① 图 5-1、图 5-2、图 5-3 来自百度地图开放平台 Web 服务 API,版权归源网站所有。
② 图 5-4 来自百度地图开放平台,版权归源网站所有。

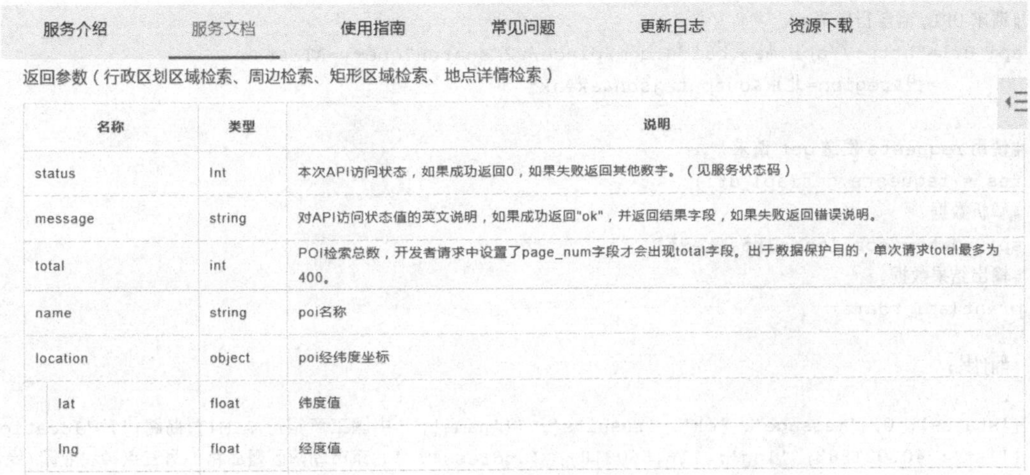

服务介绍　　服务文档　　使用指南　　常见问题　　更新日志　　资源下载

返回参数（行政区划区域检索、周边检索、矩形区域检索、地点详情检索）

名称	类型	说明
status	Int	本次API访问状态，如果成功返回0，如果失败返回其他数字。（见服务状态码）
message	string	对API访问状态值的英文说明，如果成功返回"ok"，并返回结果字段，如果失败返回错误说明。
total	int	POI检索总数，开发者请求中设置了page_num字段才会出现total字段。出于数据保护目的，单次请求total最多为400。
name	string	poi名称
location	object	poi经纬度坐标
lat	float	纬度值
lng	float	经度值

▲图 5-3　百度地图 Web 服务 API 地点检索服务文档（返回参数）

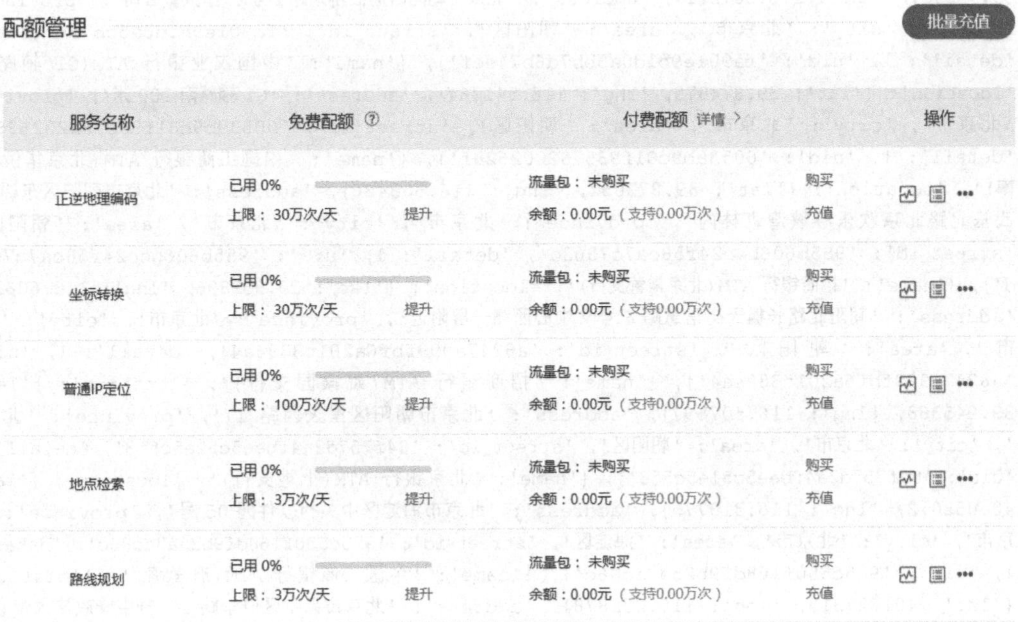

配额管理　　　　　　　　　　　　　　　　　　　　　　　　　　　　　批量充值

服务名称	免费配额 ⑦		付费配额 详情 >		操作
正逆地理编码	已用 0% 上限：30万次/天　　提升		流量包：未购买 余额：0.00元（支持0.00万次）	购买 充值	⊡ ▤ •••
坐标转换	已用 0% 上限：30万次/天　　提升		流量包：未购买 余额：0.00元（支持0.00万次）	购买 充值	⊡ ▤ •••
普通IP定位	已用 0% 上限：100万次/天　　提升		流量包：未购买 余额：0.00元（支持0.00万次）	购买 充值	⊡ ▤ •••
地点检索	已用 0% 上限：3万次/天　　提升		流量包：未购买 余额：0.00元（支持0.00万次）	购买 充值	⊡ ▤ •••
路线规划	已用 0% 上限：3万次/天　　提升		流量包：未购买 余额：0.00元（支持0.00万次）	购买 充值	⊡ ▤ •••

▲图 5-4　百度 API 配额管理界面

接下来我们通过例 5-1 来调取百度地图开放平台下 Web 服务 API 中的地点检索数据接口，并将数据写入 CSV 文件中。

【例 5-1】调取百度地图 Web 服务 API

输入：

```
#导入所需模块
import requests,json
```

```
#请求 URL,请自行申请 ak
api_url="http://api.map.baidu.com/place/v2/search?query=ATM&tag
      =银&region=北京&output=json&ak=ak"

#使用 requests 发送 get 请求
res = requests.get(api_url)
#解析数据
api_rdata=json.loads(res.text)
#输出结果数据
print(api_rdata)
```

　　输出:

{'status': 0, 'message': 'ok', 'results': [{'name': '中国工商银行 ATM(蟹岛路)', 'location': {'lat': 40.021883, 'lng': 116.560318}, 'address': '北京市朝阳区蟹岛路 1 号三点钟农业园(绿色生态度假村内)', 'province': '北京市', 'city': '北京市', 'area': '朝阳区', 'detail': 1, 'uid': '1ebe2bd4474dd6ccf70e774b'}, {'name': '中国农业银行 ATM(酒仙桥东路)', 'location': {'lat': 39.982584, 'lng': 116.507291}, 'address': '北京市朝阳区酒仙桥东路1号M7座大豪公司', 'province': '北京市', 'city': '北京市', 'area': '朝阳区', 'street_id': 'fa901e9b1d0a5bb7d6b74eef', 'detail': 1, 'uid': 'fa901e9b1d0a5bb7d6b74eef'}, {'name': '中国农业银行 ATM(G1 辅路)', 'location': {'lat': 39.874875, 'lng': 116.541264}, 'address': 'G1 辅路南 100 米', 'province': '北京市', 'city': '北京市', 'area': '朝阳区', 'street_id': '00539b9c01f935782202628f', 'detail': 1, 'uid': '00539b9c01f935782202628f'}, {'name': '中国工商银行 ATM(北京华侨城西南)', 'location': {'lat': 39.872052, 'lng': 116.503426}, 'address': '北京市朝阳区东四环小武基北路北京欢乐谷峡湾森林内', 'province': '北京市', 'city': '北京市', 'area': '朝阳区', 'street_id': '955b606bec24f58ca7c7562d', 'detail': 1, 'uid': '955b606bec24f58ca7c7562d'}, {'name': '招商银行 ATM(北京常营支行)', 'location': {'lat': 39.932896, 'lng': 116.606342}, 'address': '朝阳北路长楹天街常惠路 6 号 V 中心西侧一层附近', 'province': '北京市', 'city': '北京市', 'area': '朝阳区', 'street_id': 'a8247a999fbf6a201c3894a4', 'detail': 1, 'uid': 'a8247a999fbf6a201c3894a4'}, {'name': '招商银行 ATM(姚家园支行)', 'location': {'lat': 39.945368, 'lng': 116.507597}, 'address': '北京市朝阳区星火西路 17', 'province': '北京市', 'city': '北京市', 'area': '朝阳区', 'street_id': '84f757d2a4fbee5c51e5c553', 'detail': 1, 'uid': '84f757d2a4fbee5c51e5c553'}, {'name': '北京银行 ATM(上地支行)', 'location': {'lat': 40.052012, 'lng': 116.310775}, 'address': '北京市海淀区中关村软件园 05 号', 'province': '北京市', 'city': '北京市', 'area': '海淀区', 'street_id': '925c550f168df9b25a3ac86c', 'detail': 1, 'uid': '925c550f168df9b25a3ac86c'}, {'name': '中国工商银行 ATM(府学路)', 'location': {'lat': 40.227313, 'lng': 116.252878}, 'address': '北京市昌平区府学路 27 号中国政法大学(近梅二宿舍楼)', 'province': '北京市', 'city': '北京市', 'area': '昌平区', 'street_id': '93df0dc314304155892fb582', 'detail': 1, 'uid': '93df0dc314304155892fb582'}, {'name': '北京银行 ATM(南纬路支行)', 'location': {'lat': 39.887184, 'lng': 116.398289}, 'address': '北京市西城区富力·摩根中心 F 座', 'province': '北京市', 'city': '北京市', 'area': '西城区', 'street_id': '1013fc963d22ae8943afe67c', 'detail': 1, 'uid': '4d742b027196686c33870a46'}, {'name': '招商银行 ATM(星科大厦)', 'location': {'lat': 39.98286, 'lng': 116.501214}, 'address': '北京市朝阳区酒仙桥中路 10 号星科大厦 C 座二层大厅', 'province': '北京市', 'city': '北京市', 'area': '朝阳区', 'street_id': 'fea5922b2300921508f5eb0f', 'detail': 1, 'uid': 'fea5922b2300921508f5eb0f'}]}

将得到的数据保存到 baidu_api_data.csv 文件中。

输入：

```
#打开文件
with open("baidu_api_data.csv","w") as apifile:
    #提取 output 中 results 部分字段并写入
    for i in range(len(api_rdata["results"])):
        #写入文件，以" \t" 为分割符
        apifile.write(api_rdata["results"][i]["name"]+"\t")
        apifile.write(api_rdata["results"][i]["city"]+"\t")
        apifile.write(api_rdata["results"][i]["area"]+"\n")
```

输出：

生成一个名为"baidu_api_data"的 csv 文件，文件内部内容如图 5-5 所示。

	A	B	C
1	中国工商银行ATM(蟹岛路)	北京市	朝阳区
2	中国农业银行ATM(酒仙桥东路)	北京市	朝阳区
3	中国农业银行ATM(G1辅路)	北京市	朝阳区
4	中国工商银行ATM(北京华侨城西南)	北京市	朝阳区
5	招商银行ATM(北京常营支行)	北京市	朝阳区
6	招商银行ATM(姚家园支行)	北京市	朝阳区
7	北京银行ATM(上地支行)	北京市	海淀区
8	中国工商银行ATM(府学路)	北京市	昌平区
9	北京银行ATM(南纬路支行)	北京市	西城区
10	招商银行ATM(星科大厦)	北京市	朝阳区

▲图 5-5　baidu_api_data.csv 内容

例 5-1 说明如下。

（1）请求形式

在例 5-1 中，使用 Requests 发送网络 get 请求也可以使用参数形式传参，具体如下：

```
params={"query":"ATM 机","tag":"银行","region":"北京","output":"json","ak":"ak"}
res=requests.get("http://api.map.baidu.com/place/v2/search",params=params)
```

注：例 5-1 中的 ak 参数为必选参数，本书中 ak 具有一定时效性，请读者自行申请 ak[①]进行案例实践。

http 所在部分是百度地点检索接口的基础，params 中为请求参数，以 key 和 value 形式传递。这种书写形式等价于例 5-1 中的传参形式。

（2）数据提取

接口返回的数据 api_rdata 是一个字典类型的数据，可以通过 type(api_rdata)进行查看类型，具体数据形式见例 5-1 中的第一次输出。其中 key=results 对应的 value 为一个长列表，列表又嵌套了字典类型数据。例 5-1 中的第二次输入执行的任务就是从复杂的数据结构中选取需求的

---

① ak 申请地址：请读者进入"百度地图开放平台"，获取"Web 服务 API"。

数据，并写入 csv 文件中。

5.2.2　爬虫实战

为了更好地诠释 Python 在爬虫方面的应用，本节将通过几行代码来实现一个简单的静态页面网络爬虫。与传统技术相比，Python 网络爬虫技术的语言简洁、操作简单，且具有比较完善的爬虫框架。在编写 Python 网络爬虫的过程中，技术人员可以快速适应工作，不需要耗费过多的精力，这也是 Python 代码最本质的特点。

下面爬取的目标网站为中医药网，考虑到数据安全问题，这里只指定单一网页进行演示，如果想要获得更多数据，可遍历获取。此例希望获取网页中的药材名称和生长分布信息，如图 5-6 所示。

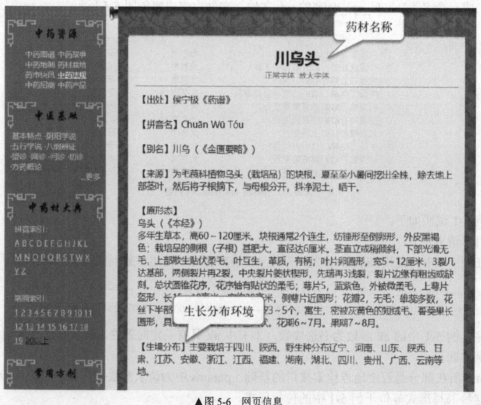

▲图 5-6　网页信息

这里采用 Python 通过 requests 发送网络请求，requests.get 获取 URL 网页信息，同时通过 BeautifulSoup 进行数据获取。BeautifulSoup 是一种专门用于进行 HTML/XML 数据解析的描述语言，简单、实用，可以分析和筛选 HTML/XML 标记文档中的指定规则数据。操作代码见例 5-2。

【例 5-2】爬取数据

输入：

```
import requests,re
from bs4 import BeautifulSoup
res = requests.get('http://www.pharmnet.com.cn/tcm/knowledge
                    /detail/105486.html')
soup = BeautifulSoup(res.text, 'html.parser')
name = soup.find('h1')
temp = soup.find_all('td',{"class":"maintext"})
pattern = re.compile(r'【生境分布】(.+?)<br')
growing = pattern.findall(str(temp))
print("药材名称: {},\n生境分布:{}".format(name,growing))
```

输出:

药材名称: <h1>川乌头</h1>
生境分布: ['主要栽培于四川、陕西。野生种分布辽宁、河南、山东、陕西、甘肃、江苏、安徽、浙江、江西、福建、湖南、湖北、四川、贵州、广西、云南等地。']

通过观察例 5-2 的输出结果可以看出,我们已经获取了数据。例子中并没有采用复杂的爬虫框架去提取数据,如果想要获得更多的数据,则应针对更加复杂的爬虫场景,完善代码。

5.3 爬虫进阶——高效率爬虫

如果你有一定的网络基础和 Python 编程基础,那么很快就可以完成一个简单的爬虫任务。在大数据时代,数据量往往远超我们的预期。比如,通过百度地图爬取北京市朝阳区朝外街道附近的饭店信息,这是比较容易的任务;但是如果要爬取全国的饭店信息,请求的网页可能高达百万甚至千万或者更多,那么就需要考虑使用高效率的爬虫来完成任务。本章将列举一些高效率爬虫的解决方案。

5.3.1 多进程

Python 提供了非常好用的多进程包 multiprocessing,只需要定义一个函数,Python 会完成其他所有事情。借助这个包,可以轻松完成从单进程到**并发执行**的转换。multiprocessing 支持子进程、通信和共享数据、执行不同形式的同步,提供了 Process、Queue、Pipe、Lock 等组件。

multiprocessing 下 Process 类的构造方法的具体形式为:

```
class Process(object):
    def __init__(self, group=None, target=None, name=None, args=(), kwargs={})
```

- ❑ group:进程组,不常用。
- ❑ target:表示调用对象,传入要执行的方法。
- ❑ args:表示调用对象的位置参数元组。
- ❑ name:进程别名。
- ❑ kwargs:表示调用对象的字典。

其常用方法见表 5-1。

表 5-1　　　　　　　　　　　　　　　常用方法表

方　　法	说　　明
start()	线程准备就绪，等待 CPU 调度
setName()	为线程设置名称
getName()	获取线程名称
setDaemon(True)	设置为守护线程
join()	逐个执行每个线程，执行完毕后继续往下执行
run()	线程被 CPU 调度后自动执行线程对象的 run 方法，如果想自定义线程类，直接重写 run 方法即可

【例 5-3】开启进程

```python
def run(name):
    #获取当前线程的名字
    tname = multiprocessing.current_process().name
    print("{} is starting,worker is {}".format(tname,name))
    return


if __name__ == '__main__':
    numList = []
    for i in range(5):
        p = multiprocessing.Process(target=test_do, args=(i,))
        numList.append(p)
        p.start()
        p.join()
```

5.3.2　多线程

网络爬虫需要下载规模非常庞大的网页，爬虫程序向服务器提交请求后要等待服务器的处理和返回结果。如果采用单线程，每个线程依次发送请求并等待服务器的依次响应，等待时间是所有网页处理过程的叠加，效率大大降低。因此，可采用多线程机制来减少个别网页的处理时间，以提高程序的效率。

和多进程的思路类似，多进程和多线程都可以执行多个任务，线程是进程的一部分，其特点是线程之间可以共享内存和变量，资源消耗少，缺点是线程之间的同步和加锁比较麻烦。在 Python 中，使用 threading 包创建多线程，构造方法如下：

```python
Thread(group=None, target=None, name=None, args=(), kwargs={})
```

- ❑　group：线程组，不常用。
- ❑　target：表示调用对象，传入要执行的方法。
- ❑　name：线程别名。
- ❑　args/kwargs：要传入方法的参数。

【例 5-4】开启多线程

```
import threading
def run(name):
    print("hello,I am threa ".format(name))

def main():
    threads = []
    for i in range(5):
        t = threading.Thread(target=run, args=(i,))
        threads.append(t)
        t.start()
    for t in threads:
        t.join()

if __name__ == '__main__':
    print('start')
    main()
    print('end')
```

请读者在上面例子中的 run 函数中增加 time.sleep()，观察有什么不同，具体形式如下：

```
import time
def run(name):
    time.sleep(2)
    print("hello,I am threa ".format(name))
```

📖 小贴士：

线程与进程的区别如下。

（1）同一个进程中的线程共享同一内存空间，但是进程之间是独立的。

（2）同一个进程中的所有线程的数据是共享的（进程通信），进程之间的数据是独立的。

（3）对主线程的修改可能会影响其他线程的行为，但是父进程的修改（除了删除）不会影响其他子进程。

（4）线程是一个上下文的执行指令，而进程则是与运算相关的一簇资源。

（5）同一个进程的线程之间可以直接通信，但是进程之间的交流需要借助中间代理来实现。

（6）创建新的线程很容易，但是创建新的进程需要对父进程做一次复制。

（7）一个线程可以操作同一进程的其他线程，但是进程只能操作其子进程。

（8）线程启动速度快，进程启动速度慢（但是两者运行速度没有可比性）。

5.3.3 协程

协程，英文名 Coroutine，又称微线程、纤程。线程和进程的操作由程序触发系统接口，

最后的执行者是系统，它本质上是操作系统提供的功能。而协程的操作则是程序员指定的，在
Python 中通过 yield 方法，人为实现并发处理。

对于多线程应用，CPU 通过切片的方式来切换线程间的执行，线程切换时需要耗时。协
程则只使用一个线程，将一个线程分解成为多个"微线程"，在一个线程中规定某个代码块的
执行顺序。

当程序中存在大量不需要 CPU 的操作（I/O）时，就适合使用协程。调用协程常用第三方
模块 gevent 和 greenlet。（本质上 gevent 是对 greenlet 的高级封装，因此一般用它就行，这是一
个相当高效的模块。）

协程拥有自己的寄存器上下文和栈。协程调度切换时，将寄存器上下文和栈保存到其他地
方，在切回来的时候，恢复先前保存的寄存器上下文和栈。因此，协程能保留上一次调用时的
状态（即所有局部状态的一个特定组合），每次过程重入时，就相当于进入上一次调用的状态。
换种说法，就是进入上一次离开时所处逻辑流的位置。线程的切换会保存到 CPU 寄存器，CPU
感觉不到协程的存在，协程是用户自己控制的。

【例 5-5】开启协程

```
import requests
import gevent
urls=["http://www.baidu.com","https://www.yahoo.com/","https://www.sogou.com/"]
def run(url):
    print("url={}".format(url))
    res=requests.get(url)
    print("url bytes is {}".format(len(res.content)))


if __name__=="__main__":
    jobs=[gevent.spawn(run, url) for url in urls]
    gevent.joinall(jobs)
```

5.3.4　小结

本章只是对爬虫做了简单的介绍，并没有系统地介绍爬虫技术，比如不同异常处理的解决
方案、模拟浏览器抓取数据、反爬策略等。同时在 5.3 节，只是抛出了一些高性能编程的概念
与操作模块，其中的知识还有很多，本书将不做更深入的介绍，希望有兴趣的读者可以自行深
入研究，其用处极大。

什么是数据存储？

数据存储一般指将数据保存到数据库中。数据库（Database）是按照数据结构来组织、存储和管理数据的仓库，随着信息技术和市场的发展，特别是 20 世纪 90 年代以后，数据管理不再仅仅是存储和管理数据，而转变成用户所需要的各种数据管理的方式。数据库有很多种类型，从最简单的存储（如各种数据的表格）到能够进行海量数据存储的大型数据库系统，在各个方面都得到了广泛的应用。

6.1 关系型数据库 MySQL

本章将简单介绍数据库概念与基本操作流程，帮助没有学习过数据库的读者更系统地了解数据库知识之间的关系，以方便更加深入的学习。如果你只想学习算法以及数学知识，或者有一定的数据库基础，那么可以略过本章。

6.1.1 初识 MySQL

在开始学习 MySQL 数据库前，让我们先了解关系型数据库管理系统（Relational Database Management System，RDBMS）的一些术语。

❑ **数据库**：数据库是一些关联表的集合。

❑ **数据表**：表是数据的集合。在一个数据库中的表看起来像一个简单的电子表格。

❑ **列**：一列数据通常包含了相同的数据，例如邮政编码的数据。

❑ **行**：一行数据通常是一组相关的数据，例如一条用户订阅的数据。

❑ **冗余**：存储两倍数据，冗余可以使系统速度更快。

❑ **主键**：主键是唯一的。一个数据表中只能包含一个主键，你可以使用主键来查询数据。

❑ **外键**：外键用于关联两个表。

❑ **复合键**：复合键（组合键）将多个列作为一个索引键，一般用于复合索引。

❑ **索引**：使用索引可快速访问数据库表中的特定信息。索引是对数据库表中一列或多列的值进行排序的一种结构，类似书籍的目录。

❏ **参照完整性**：参照的完整性要求关系中不允许引用不存在的实体。

在 Web 应用方面，MySQL 是最好的 RDBMS 应用软件之一。其开发者为瑞典的 MySQL AB 公司，在 2008 年 1 月被 Sun 公司收购。由于 MySQL 体积小、速度快、总体拥有成本低，且是开放源码，因此许多中小型网站为了降低网站总体成本而选择 MySQL 作为网站数据库。

下面来总结一下 MySQL 的特点。

（1）使用 C 和 C++语言编写，并使用了多种编译器进行测试，保证源代码的可移植性。

（2）支持 AIX、FreeBSD、HP-UX、Linux、Mac OS、Novell Netware、OpenBSD、OS/2 Wrap、Solaris、Windows 等多种操作系统。

（3）为多种编程语言提供了 API，这些编程语言包括 C、C++、Eiffel、Java、Perl、PHP、Python、Ruby 等。

（4）支持多线程，充分利用 CPU 资源。

（5）优化的 SQL 查询算法，有效地提高查询速度。

（6）既能够作为一个单独的应用程序，应用在客户端服务器网络环境中，也能够作为一个库，嵌入其他软件中提供多语言支持。常见的编码如中文 GB2312、BIG5，日文的 SHIFT_JIS 等都可以用作数据表名和数据列名。

（7）提供 TCP/IP、ODBC 和 JDBC 等数据库连接途径。

（8）提供用于管理、检查、优化的数据库操作的管理工具。

（9）可以处理拥有上千万条记录的大型数据库。

6.1.2 Python 操作 MySQL

在开发或者处理数据的过程中，通常需要先从数据库中提取数据，然后通过相应的数据接口访问数据，再将数据读取到内存中进行处理。这样在面对海量数据时，不仅处理速度得到了提升，而且可以做更多复杂的算法操作。

在 Python 3.x 中，通过 Pymysql 操作 MySQL。在 Python 安装 MySQL 驱动的过程中需要注意，本书使用的是 Python3.6 版本，所以使用的驱动为 Pymysql。下载并安装 Pymysql 的方法跟安装 Python 模块的方法相同，CMD 下使用命令 pip install pymysql 执行安装操作即可。而对于 Python 3.x 之前的版本，需要通过 mysqldb 来连接 Python 与 MySQL。

【例 6-1】查看 Pymysql 版本

输入：

```
import pymysql
print(pymysql._version_)
```

输出：

```
0.7.9.
```

下面通过 Python 来操作 MySQL，操作中对相对重要的步骤都进行了注释，具体注释见表 6-1。

【例 6-2】连接数据库

输入：

```
#①
import pymysql
#②
conn = pymysql.connect(host='localhost', port=3306, user='root', passwd='A451005528',
db='pythonai')
#③
cur = conn.cursor()
```

【例 6-3】在例 6-2 的前提下执行创建表操作

```
#④
createsql="create table pytable(name char(10) ,sex char(4) ,age int)"
cur.execute(createsql)
#⑤
cur.close()
```

【例 6-4】在例 6-2 的前提下执行插入数据库

```
#⑥
insertsql = "INSERT INTO pytable (name, sex, age) VALUES ('%s','%c','%d')"% ('bob','F',20)
cur.execute(insertsql)
#⑦
conn.commit()
cur.close()
#⑧
conn.close()
```

【例 6-5】在例 6-2 的前提下执行查询数据库操作

```
#⑨
selectsql = "select * from pytable"
cur.execute(selectsql)
#⑩
data = cur.fetchall()
for r in data:
    print(r)
cur.close()
```

输出：

```
('bob', 'F', 20)
```

例 6-5 中的数据输出是在 Python 下输出的结果，通常我们为了方便查看与操作数据库，都会使用客户端来进行操作。这里使用 MySQL 客户端连接工具 DbVisualizer①展示例 6-5 的输出结果，如图 6-1 所示。

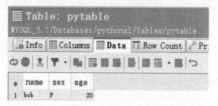

▲图 6-1　DbVisualizer 客户端数据展示

表 6-1 对例 6-2～例 6-5 的相关注释进行基本说明，以方便读者在以后灵活使用，完成数据的增删改查操作。

表 6-1　　　　　　　　　　　　　关于例 6-2～例 6-5 中的注释说明

注 释 序 号	说　　　明
①	导入 Python 连接 MySQL 的模块
②	打开数据库连接，其参数含义如下 host：连接的数据库服务器主机名，默认为本地主机(localhost) user：数据库登录名，默认是当前用户 passwd：数据库登录的密码，默认为空 db：要使用的数据库名，没有默认值 port：MySQL 服务使用的 TCP 端口，默认是 3306
③	使用 cursor() 方法创建一个游标对象 cur
④	构建建表语句，并使用 execute() 方法执行 SQL 建表语句
⑤	关闭游标，否则会占用有限的资源
⑥	构建插入语句，并使用 execute() 方法执行 SQL 插入语句
⑦	提交到数据库执行②
⑧	关闭数据库连接
⑨	构建查询语句，并使用 execute() 方法执行 SQL 查询语句
⑩	获取所有数据

6.2　NoSQL 之 MongoDB

6.2.1　初识 NoSQL

NoSQL 为非关系型数据库，大多数人认为 NoSQL 数据库与关系型数据库完全对立，其实不然，NoSQL 指 Not Only SQL，表示为不仅仅是 SQL。基于数据存储模型，NoSQL 可以分为以列簇形式存储的列存储数据库、键-值对存储数据库、文档型数据库、对象型数据库、图数

---

① DbVisualizer 是一款跨平台数据库工具，支持各种关系数据库，它可以通过 JDBC 驱动同时和多个不同的数据库建立连接。
② 插入数据过程中，必须执行，否则插入数据失败，并不会真正插入数据。

据库等。各个类型的数据库也都有许多自己的相关产品，比如图数据库 Neo4J 就广泛应用于知识图谱领域，文档型数据库 MongoDB 广泛应用于自然语言处理领域。

下面按照常见的 NoSQL 数据库存储方式列存储、文档存储、键-值对存储等，对其在数据类型、应用场景、代表数据库，以及主要特点进行总结对比，见表 6-2。

表 6-2   常见 NoSQL 数据库概况

类 型	数 据 模 型	应 用 场 景	代表库名称	主 要 特 点
键值对	Key-Value 键值对，通常用 hash table 实现	内容缓存，主要用于处理大量数据的高访问负载，也用于日志系统等	Redis	基于内存、轻量
			Memcache DB	分布式高性能读写
			Berkeley DB	小巧、轻量
列簇数据库	以列簇式存储，将同一列数据存在一起	分布式文件系统。按列存储，针对列的查询有非常大的 I/O 优势	HBase	高扩展性、高性能、可伸缩
			Cassandra	去中心化、线性扩展性
			Hypertable	高性能、可伸缩
文档型数据库	Key-Value 对应的键-值对，Value 为结构化数据	是最像关系型的数据库，存储数据类似 JSON 格式	Mongo DB	高扩展性、可伸缩，支持 LBS 检索
			Couch DB	分布式、可伸缩
图形数据库	图结构	构建知识图谱，处理大量复杂、互连接、低结构化的数据。应用于社交网络，推荐系统等	Neo4J	高性能，图结构

在 6.1 节中，我们介绍了 Python 操作关系型数据库 MySQL，下面来介绍 Python 对 NoSQL 数据库的操作，这里选取 MongoDB 数据库。

6.2.2 Python 操作 MongoDB

MongoDB 是一个基于分布式文件存储的数据库，由 C++语言编写，旨在为 Web 应用提供可扩展的高性能数据存储解决方案。

MongoDB 是一个介于关系数据库和非关系数据库之间的产品，是非关系数据库当中功能最丰富，最像关系数据库的。

在 Python 3.x 下，通过 Pymongo 操作 MongoDB。下载安装 Pymongo，CMD 下使用命令 pip install pymongo，执行安装操作即可。本节中安装的 Pymongo 版本是 3.7.0。

【例 6-6】查看 Pymongo 版本

输入：

```
import pymongo
print(pymongo.__version__)
```

输出：

```
3.7.0
```

下面将介绍 Python 通过 Pymongo 驱动操作 MongoDB。

【例 6-7】Python 操作 MongoDB

输入：

```
from pymongo import MongoClient
#连接数据库
client = MongoClient(host='192.168.1.237',port=27017)
db=client.pymongodb
```

【例 6-8】插入数据

输入：

```
dic={'name':'bob', 'sex':'F', 'age':'25', }
#插入 dic,不需要事先创建集合，自动可以生成
db.pycollection.insert({'name':'bob','age':'25','addr':'Cleveland'})
```

【例 6-9】查询数据

输入：

```
data=db.pycollection.find()
for r in data:
    print(r)
```

输出：

```
{'_id': ObjectId('5b165d1f27c5f732bcacee7a'), 'name': 'bob', 'age': '25', 'addr': 'Cl
eveland'}
```

例 6-9 中数据的输出是在 Python 下输出的结果，通常我们为了方便查看与操作数据库，都会使用客户端进行操作，其导入数据在 MongoDB 客户端连接工具 NoSQL Manager for MongoDB 下的可视化效果如图 6-2 所示。

Document	Data	Type
[1] (id="5b165d1f27c5f732bcacee7a")		Document
_id	5b165d1f27c5f732bcacee7a	ObjectId
name	bob	String
age	25	String
addr	Cleveland	String

▲图 6-2　NoSQL Manager for MongoDB 可视化结果

通过上面的几个例子，相信你已经对 MongoDB 有了初步的了解。需要说明的是，图 6-2 中出现的 "_id"，在使用 MySQL 等关系型数据库时，主键都是设置成自增的。但在分布式环境下，这种方法就不可行了，会产生冲突。为此，MongoDB 采用了一个被称为 ObjectId 的类型来做主键。

MongoDB 中存储的文档必有 "_id" 键。如果插入文档时没有 "_id" 键，系统会自动帮你创建一个；如果创建过程中存在字段 "_id"，则系统不会创建了。这个键的值可以是任何类

型的，默认是 ObjectId 对象。在一个集合里面，每个文档都有唯一的 "_id" 值，来确保集合里面每个文档都能被唯一标识。在图 6-2 中，'5b165d1f27c5f732bcacee7a'这个 24 位的字符串，虽然看起来很长，但实际上它是由一组十六进制的字符构成，总共用了 12 字节的存储空间。ObjectId 是一个 12 字节的 BSON 类型字符串，按照字节顺序，依次代表不同含义，见表 6-3。

表 6-3　　　　　　　　　　　默认_id 含义说明

1	2	3	4	5	6	7	8	9	10	11
时间戳			主机名			PID		计数器		

　　前 4 字节表示标准纪元开始的 UNIX 时间戳，接下来的字节是所在主机的唯一标识符，通常是机器主机名的散列值。这样就确保了不同主机生成不同的主机 hash 值，在分布式中不造成冲突，这也就是同一台机器生成的 objectId 中间的字符串都是一模一样的原因。为了确保在同一台机器上并发的多个进程产生的 ObjectId 是唯一的，接下来的 2 字节来自产生 ObjectId 的进程标识符（PID）。前 9 字节保证了同一秒钟不同机器不同进程产生的 ObjectId 是唯一的。后 3 字节就是一个自动增加的计数器，确保相同进程同一秒产生的 ObjectId 也是不一样的。同一秒最多允许每个进程拥有 256^3（共 16777216）个不同的 ObjectId。

　　MongoDB 是非关系型数据库的一个典型代表，它在牺牲了一致性保障的基础上赋予了灵活的分布式扩展能力。相比之下，MongoDB 在数据结构、存储方法到查询方法方面，都与常见的关系型数据库 MySQL 有着显著的差别。二者的对比如表 6-4 所示。

表 6-4　　　　　　　　　　MySQL 与 MongoDB 对比

	MySQL	MongoDB
数据组织结构	表（table）	集合（collection）
单条数据	按行存储（Row）	按文档存储（Document）
字段	预定义的表和字段	没有固定模式
操作方法	结构化查询语言（SQL）	查询命令
结构更新	加锁并逐条更新数据	直接插入新的数据
扩展与均衡	手动分配和设置	自动分配新的节点
主键	通常与业务无关的值作为主键	_id
主键生成策略	UUID，自增	24 位的字符串(time + machine + pid + inc)，自己指定

　　目前在自然语言处理领域，问答系统、对话管理机器人，需要对用户输入的文本进行自然语言处理，并结合知识图谱和语义理解，让机器人能跟人进行通俗语言的对话，在这方面 NoSQL 发挥着非常重要的作用。

6.3 本章小结

6.3.1 数据库基本理论

　　伴随着越来越多的 NoSQL 产品涌现出来，NoSQL 数据库会不会替代现有的关系数据库？

在说明之前，我们先简单了解下 CAP、ACID、BASE 理论，具体见表 6-5。

表 6-5　　　　　　　　　　　　　　CAP、ACID、BASE 理论

CAP	ACID	BASE
C，即 Consistency，一致性	A，即 Atomicity，原子性，事务中的所有操作，要么全部成功，要么全部不做	Basically Available，基本可用
A，即 Availability，可用性（指的是快速获取数据	C，即 Consistency，一致性。在事务开始与结束时，数据库处于一致状态	Soft-state，软状态/柔性事务
P，Tolerance of network Partition 分区容忍性（分布式）	I，即 Isolation，隔离性。事务如同只有这一个操作被数据库所执行	Eventual Consistency，最终一致性
—	D，即 Durability，持久性。在事务结束时，此操作将不可逆转	—

BASE 模型是传统 ACID 模型的反面。不同于 ACID，BASE 强调牺牲高一致性，从而获得可用性，数据允许在一段时间内的不一致，只要保证最终一致就可以了。Web2.0 网站由于数据库存在高并发读写、高可扩展性、高可用性，从而要求设计成分布式存储。而在设计分布式存储系统时，根据 CAP 理论，一致性（C）、可用性（A）和分区容错性（P），三者不可兼得，最多只能同时满足其中的两个。关系型数据库保证了强一致性（ACID 模型）和高可用性，所以要想实现分布式数据库集群非常困难，这也解释了为什么关系型数据库的扩展能力十分有限。而 NoSQL 数据库则是采用 BASE 模型，通过牺牲强一致性，保证最终一致性，来设计分布式系统，从而使得系统可以达到很高的可用性和扩展性。

对 Web 2.0 网站来说，可用性与分区容忍性优先级要高于数据一致性，一般会尽量朝着 A 和 P 的方向设计，但事实上，数据库系统最大的优势就是保障了一致性，单纯为了 P（分布式）而放弃 C（一致性）也是不可取的，所以需要通过其他手段来保证一致性。

6.3.2　数据库结合

从表 6-5 的 CAP 理论来看，分布式存储系统更适合用 NoSQL 数据库，现有的 Web2.0 网站遇到的性能以及扩展性瓶颈也会迎刃而解。但是目前 NoSQL 数据库的实际应用缺陷又让我们难以放心，这时我们考虑是否可以将 NoSQL 数据库与关系型数据库结合使用？在强一致性（C），高可用性场景采用 ACID 模型；在高可用性和扩展性场景，采用 BASE 模型。答案是肯定的，目前的 NoSQL 数据库还难以与关系型数据库一争高下，但它却可以对关系数据库在性能和扩展性上进行弥补，所以我们可以把 NoSQL 和关系数据库结合使用，各取所长。

下面举个典型的例子加以说明。

在 Web 2.0 网站中比较典型的需求是用户评论的存储，评论表大致可分为评论表主键 ID、被评论用户 ID、评论用户 ID、评论时间、评论内容等字段。结合关系型数据库与 NoSQL 数据库的特点，我们可将需要查询的字段，比如评论表主键 ID、被评论用户 ID、评论用户 ID、评论时间等数据、时间类型的小字段存储于关系型数据库中，根据查询建立相应的索引。而评论内容是个大文本字段，我们肯定不会通过文本内容进行查询，所以把评论内容存储在 NoSQL 数据库中。

　　用关系型数据库专门负责处理擅长的关系存储，用 NoSQL 数据库存储复杂数据，这样做有很多优势：节省了关系型数据库的 I/O 开销，提高了数据库的数据备份与恢复速度；由于 NoSQL 数据库往往都是行级别的，所以对评论内容字段也更容易做 Cache；由于 NoSQL 数据库天生就容易扩展，经过这种结合优化，关系型数据库的性能也能得到提高。

　　这种结合方式实现起来比较容易，且能取得不错的效果。关系型数据库与 NoSQL 数据库结合并不局限于这种方式，应该根据具体的应用场景灵活组合使用。

6.3.3　结束语

　　关系数据库已经流行了几十年，NoSQL 数据库想在短期内取而代之显然是不可能的，但是 NoSQL 数据库的发展势头也不容小觑。在当前阶段的某些场景下，可以将 NoSQL 数据库与关系型数据库结合使用，相互弥补各自的缺陷。这种数据库组合对解决目前 Web 2.0 网站所遇到的性能、扩展性等问题具有重要意义。

第 7 章 Python 数据分析

什么是数据分析?

数据分析是一个包含数据检验、数据清洗、数据重构,以及数据建模的过程,目的在于发现有用的信息和有建设性的结论,来辅助决策的制定。数据分析有多种形式和方法,涵盖了多种技术,应用于商业、科学、社会学等多个不同的领域。

7.1 数据获取

数据获取是指从数据源采集数据,为数据分析与数据挖掘做数据准备的工作。

7.1.1 从键盘获取数据

input 函数是 Python 中的一个内建函数,其从标准输入中读入一个字符串,用来获取控制台的输入。

【例 7-1】通过 input 获取数据

输入:

```
print("How old are you?"),
age = input("Please input your age:")
print ("so %s years old" %age )
```

输出:

```
How old are you?
Please input your age:45
so 45 old
```

在例 7-1 中,通过获取键盘即控制台输入的数据来返回结果,结果"so 45 old"中的 45 为输入的数据。

7.1.2　文件的读取与写入

1. 读取操作

读写文件是最常见的 I/O 操作。Python 内置了读写文件的函数，要以读文件的模式打开一个文件对象，使用 Python 内置的 open()函数，传入文件名和标示符。

【**例 7-2**】通过 open 获取数据，输出如图 7-1 所示

输入：

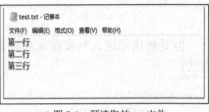

▲图 7-1　预读取的 txt 文件

```
f=open("test.txt","r",encoding="utf-8")
print(f.read())
f.close()
```

输出：

第一行
第二行
第三行

在例 7-2 中，通过 open 打开文件，其模式有只读、写入和追加等。所有可取值见表 7-1 的模式列表。这个参数是非强制的，默认文件访问模式为只读（r）。

表 7-1　　　　　　　　　　　　　　读取文件模式列表

模　　式	说　　明
r	以只读方式打开文件。文件的指针将会放在文件的开头，这是默认模式
rb	以二进制格式打开一个文件用于只读。文件指针将会放在文件的开头，这是默认模式
r+	打开一个文件用于读写。文件指针将会放在文件的开头
rb+	以二进制格式打开一个文件用于读写。文件指针将会放在文件的开头

我们定义 file=open("test.txt","r",encoding="utf-8")，即 open 打开后的变量，那么 file 常用对象方法如下所示。

（1）file.read(size)方法：参数 size 表示读取的数量，省略则读取全部。

（2）file.readline()方法：读取文件的一行内容。

（3）file.readlines()方法：读取所有的行并以文件的每行作为一个元素插入数组里面，[line1,line2,…,lineN];在避免将文件的所有内容都加载到内存中时，常常使用这种方法来提高效率。

（4）file.write()方法：如果要写入字符串以外的数据，先将它转换为字符串。

（5）file.close()方法：关闭文件，文件使用完毕后必须关闭，因为文件对象会占用操作系统的资源，并且操作系统同一时间能打开的文件数量也是有限的。

由于文件读写时都有可能产生 IOError，一旦出错，后面的 f.close()就不会调用。所以，为了保证无论是否出错都能正确地关闭文件，我们可以使用 try ... finally 来实现。

```
try:
    f = open(' file', 'r')
    print(f.read())
finally:
    if f:
        f.close()
```

但是每次都这么写实在太烦琐，所以 Python 引入了 with 语句来自动帮我们调用 close()
方法：

```
with open('file', 'r') as f:
    print(f.read())
```

这和前面的 try ... finally 是一样的，但是代码更加简洁，并且不必调用 f.close()方法。

🐝小贴士：

在 Python 中，使用 open 读取文件时是根据光标位置来读取的，如果采用 file.read()读
取两次，第二次会出现为空，再次使用 read 之前需要添加 file.seek(0)，将光标位置放到最
前面，这样才能返回有效值。

```
f=open("test.txt","r",encoding="utf-8")
f.read()
f.seek(0)
f.read()
f.close()
```

2. 写入操作

通常在使用 Python 处理数据的过程中，经常需要将处理结果保存到数据库或者文件中。
一个简单的写入操作见例 7-3，常用的写入模式如表 7-2 所示。

表 7-2　　　　　　　　　　　　　　　　写入模式

模式	说　　明
w	打开一个文件只用于写入。如果该文件已存在，则打开文件，并从开头开始编辑，即原有内容会被删除；如果该文件不存在，则创建新文件
wb	以二进制格式打开一个文件只用于写入。如果该文件已存在，则打开文件，并从开头开始编辑，即原有内容会被删除；如果该文件不存在，则创建新文件
w+	打开一个文件用于读写。如果该文件已存在，则打开文件，并从开头开始编辑，即原有内容会被删除；如果该文件不存在，则创建新文件
wb+	以二进制格式打开一个文件用于读写。如果该文件已存在，则打开文件，并从开头开始编辑，即原有内容会被删除；如果该文件不存在，则创建新文件
a	打开一个文件用于追加。如果该文件已存在，文件指针将会放在文件的结尾，也就是说，新的内容将会被写入已有内容之后；如果该文件不存在，则创建新文件进行写入
ab	二进制格式打开一个文件用于追加。如果该文件已存在，文件指针将会放在文件的结尾，也就是说，新的内容将会被写入已有内容之后；如果该文件不存在，则创建新文件进行写入

模式	说　明
a+	打开一个文件用于读写。如果该文件已存在，文件指针将会放在文件的结尾，文件打开时会是追加模式；如果该文件不存在，则创建新文件用于读写
ab+	以二进制格式打开一个文件用于追加。如果该文件已存在，文件指针将会放在文件的结尾；如果该文件不存在，则创建新文件用于读写

【例 7-3】写入文件

输入：

```
with open("test.txt","w") as file:
    file.write("hello world")
```

采用 "w" 模式，将 hello world 写入 test.txt 文件中。

7.1.3　Pandas 读写操作

Pandas 是 Python 进行数据分析的重要模块，其功能十分强大，本书在前面章节已经对其操作进行了介绍。本节将对 Pandas 在 I/O 操作方面的 API 进行简单介绍。Pandas 支持众多类型的文件的读写操作，具体见表 7-3。

表 7-3　　　　　　　　　　　　　Pandas 文件的读写操作

格式类型	数据描述	读操作	写操作
text	CSV	read_csv	to_csv
text	JSON	read_json	to_json
text	HTML	read_html	to_html
text	Local clipboard	read_clipboard	to_clipboard
binary	MS Excel	read_excel	to_excel
binary	HDF5 Format	read_hdf	to_hdf
binary	Feather Format	read_feather	to_feather
binary	Parquet Format	read_parquet	to_parquet
binary	Msgpack	read_msgpack	to_msgpack
binary	Stata	read_stata	to_stata
binary	SAS	read_sas	
binary	Python Pickle Format	read_pickle	to_pickle
SQL	SQL	read_sql	to_sql
SQL	Google Big Query	read_gbq	to_gbq

注意：Pandas 下有一个非常重要的通用读取函数 read_table()，其默认以 sep ='/t'为分割符读取文件到 DataFrame。sep 参数也可指定其他形式，在实际使用中可以通过对 sep 参数的控制来读取任何文本文件，如例 7-4 和例 7-5 所示。

【例 7-4】read_table 操作

输入：

```
df1=pd.read_table("AB.csv",sep=",")
print(df1)
```

输出：

```
   Unnamed: 0   Column A   Column B
0           0   0.693188  -1.133000
1           1   0.222813   1.257744
2           2  -0.322323  -0.426994
```

read_table()的默认分隔符为"\t"，所以需要制定 sep=","来进行操作，否则将被当成一列来处理。

【例 7-5】read_csv 与 read_table 对比

输入：

```
df2=pd.read_csv("AB.csv")
print(df2)
```

输出：

```
   Unnamed: 0   Column A   Column B
0           0   0.693188  -1.133000
1           1   0.222813   1.257744
2           2  -0.322323  -0.426994
```

例 7-4 和例 7-5 分别采用 read_table()和 read_csv()对 csv 文件进行读取，均顺利获取了数据并打印出来。需要注意的是对于分隔符的指定。下面构建一个简单的案例完成数据的写入，见例 7-6。

【例 7-6】Dataframe 保存为 csv 案例

输入：

```
import pandas as pd
from numpy.random.mtrand import randn

df = pd.DataFrame(randn(3, 2), columns=[' Column A ', ' Column B '],  index = range(3))
print(df)
df.to_csv("AB.csv")
```

输出：

```
    Column A   Column B
0   0.693188  -1.133000
1   0.222813   1.257744
7  -0.322323  -0.426994
```

7.2　数据分析案例

7.2.1　普查数据统计分析案例

本节数据来源自 UCI 机器学习库。UCI 数据库是一个常用的科学计算数据集库。adult.data 从美国 1994 年人口普查数据库中抽取而来，因此也被称为人口普查收入数据集，共包含 48842

条记录。在记录中，年收入大于 50000 美元（为了方便学习，后文写为 50k 美元）的人占比 23.93%，年收入小于 50k 美元的人占比 76.07%，数据集已经划分为 32561 条训练数据和 16281 条测试数据。该数据集类变量为年收入是否超过 50k 美元，属性变量包括年龄、工种、学历、职业等 14 类重要信息，具体见表 7-4，其中有 8 类属于类别离散型变量，另外 6 类属于数值连续型变量。该数据集是一个分类数据集，用来预测年收入是否超过 50k 美元。

表 7-4　　　　　　　　　　　　　　　数据集变量及含义

属 性 名	含 义
age	年龄
workclass	工作类别
fnlwgt	序号
education	受教育程度
education-num	受教育时间
marital-status	婚姻状况
occupation	职业
relationship	社会角色
race	种族
sex	性别
capital-gain	资本收益
capital-loss	资本支出
hours-per-week	每周工作时间
native-country	国籍

表 7-4 涉及的维度有 14 个，相对来说比较全面，对于数据分析可以做很多事情。对数据进行概括后，如表 7-5 所示。

表 7-5　　　　　　　　　　　　　　　数据概况

数据集特征	多 变 量
属性特征：	类别型、整数型
相关应用：	分类
记录数：	48842
属性数目：	14
缺失值？	有

这个数据主要用于机器学习，分成训练集与测试集，首先我们加载数据集，将两个数据集进行合并。

【例 7-7.1】合并 adult 数据

输入：

```
column_names = ['age', 'workclass', 'fnlwgt', 'education', 'educational-num','marital
-status', 'occupation', 'relationship', 'race', 'gender','capital-gain', 'capital-los
s', 'hours-per-week', 'native-country','income']
#合并
```

```
train = pd.read_csv('adult.data.txt', sep=",\s", header=None, names = column_names, e
ngine = 'python')
test = pd.read_csv('adult.test.txt', sep=",\s", header=None, names = column_names, en
gine = 'python')
test['income'].replace(regex=True,inplace=True,to_replace=r'\.',value=r'')
adult = pd.concat([test,train])
adult.reset_index(inplace = True, drop = True)    #查看数据
print(adult.count())
```

输出：

```
age                48842
workclass          48842
fnlwgt             48842
education          48842
educational-num    48842
marital-status     48842
occupation         48842
relationship       48842
race               48842
gender             48842
capital-gain       48842
capital-loss       48842
hours-per-week     48842
native-country     48842
income             48842
```

　　数据维度较多，可选择自己想要观察的数据进行查看，这里选择'age','educational-num'两个字段进行查看，采用 tail()可以查看最后 5 行数据，具体形式如例 7-7.2 所示。

【例 7-7.2】观察数据

输入：

```
#选择'age','educational-num'两个字段进行查看
print(adult[['age','educational-num']].tail())
```

输出：

```
       age    educational-num
48838   27           12.0
48839   40            9.0
48840   58            9.0
48841   22            9.0
48842   52            9.0
```

　　下面通过例 7-7.3 对数据进行一个整体的观察，针对已有的 column 绘制数据条形图，从整体上观察数据的分布形态，以便进行更加详细的分析。

【例 7-7.3】 数据初步统计，程序运行结果如图 7-2 所示

输入：

```
fig=plt.figure(figsize=(20,15))
cols=5
rows=math.ceil(float(adult.shape[1]/cols))
for i,column in enumerate(adult.columns):
    ax=fig.add_subplot(rows,cols,i+1)
    ax.set_title(column)
    if adult.dtypes[column]==np.object:
        adult[column].value_counts().plot(kind="bar",axes=ax)
    else:
        adult[column].hist(axes=ax)
        plt.xticks(rotation="vertical")
plt.subplots_adjust(hspace=0.9, wspace=0.2)
#plt.savefig("a1.png")
plt.show()
```

输出：

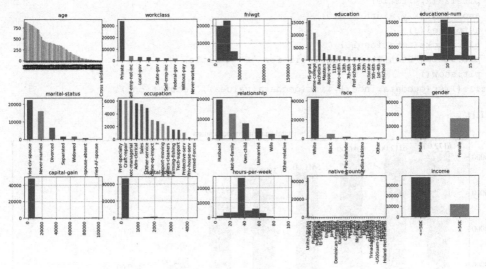

▲图 7-2　例 7-7.3 程序运行结果

在分析过程中选择具有针对性，在图 7-2 中可以观察到，部分特征是明显分布不均匀的，比如 workclass、Race、capital-gain、capital-loss、native-country。同时 capital-gain 和 capital-loss 应该存在的一定的强相关性，下面选取部分特征进行详细分析，见例 7-7.4。

【例 7-7.4】 基于职业的统计分析

输入：

```
occdata=adult.groupby('occupation').size().nlargest(10)
print(occdata)
```

输出：

```
Prof-specialty          6172
Craft-repair            6112
Exec-managerial         6086
Adm-clerical            5611
Sales                   5504
Other-service           4923
Machine-op-inspct       3022
?                       2809
Transport-moving        2355
Handlers-cleaners       2072
```

【例 7-7.5】 例 7-7.4 的可视化结果，程序运行结果如图 7-3 所示

输入：

```python
#定义显示数值函数
def autolabel(rects):
    for rect in rects:
        height = rect.get_height()
        plt.text(rect.get_x()+rect.get_width()/2.-0.2, 1.03*height, '%.2f' % float(height))
def pltsize(x,y,title):
    a=plt.bar(x,y,width = 0.5)
    autolabel(a)
    plt.xticks(rotation=20)
    plt.title("Statistical analysis for %s" % title)
    plt.show()
pltsize(list(occdata.index),list(occdata.values),'occupation')
```

输出：

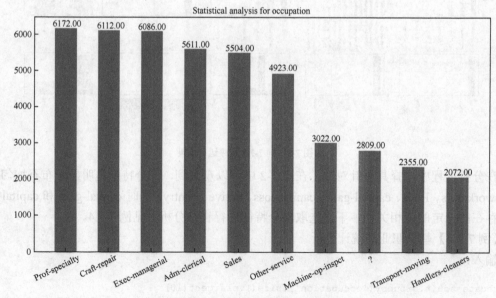

▲图 7-3　例 7-7.5 程序运行结果

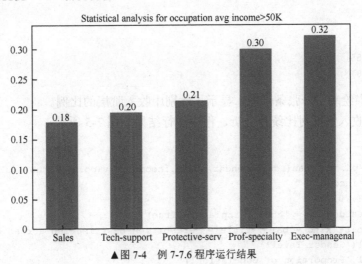

【例 7-7.6】对职业平均收入大于 50k 美元的统计分析，程序运行结果如图 7-4 所示

输入：

```
moccdata=(data.groupby('occupation').apply(lambda g: np.mean (g['income'] ==' >50k'))
.sort_values()).head(5)
print(moccdata)
pltsize(list(moccdata.index),list(moccdata.values),'occupation avg income>50k')
```

输出：

```
occupation
  Sales             0.178597
  Tech-support      0.195712
  Protective-serv   0.214649
  Prof-specialty    0.301199
  Exec-managerial   0.323365
```

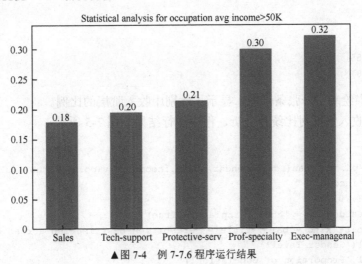

▲图 7-4　例 7-7.6 程序运行结果

关于数据的特征维度有很多，选取数据进行观察很重要，这里我们对"occupation"进行了统计排序。首先，利用 groupby 进行分组，之后统计 size，对其结果进行 nlargest(10)前十排序，如例 7-7.7 所示。

【例 7-7.7】分组统计分析

输入：

```
coundata=data.groupby('native-country').size().nlargest(10)
print(coundata)
```

输出：

```
United-States   43832
Mexico            951
```

```
?                    857
Philippines          295
Germany              206
Puerto-Rico          184
Canada               182
El-Salvador          155
India                151
Cuba                 138
```

为了更好地观察数据中收入的信息，分组对比统计以下收入的情况，得到收入小于等于 50k 美元的人数是 37155，是收入大于 50k 美元人群的 3 倍多，具体见例 7-7.8。

【例 7-7.8】 收入统计

输入：

```
print(adult.groupby('income')['income'].count())
```

输出：

```
income
<=50k    37155
>50k     11687
```

在例 7-7.9 中绘制了一张条形图，显示了性别中收入阶层的比例。

【例 7-7.9】 收入情况对比统计分析，程序运行结果如图 7-5 所示

输入：

```
gender=round(pd.crosstab(adult.gender,adult.income).div(pd.crosstab(adult.gender,adult.
            income
).apply(sum,1),0),2)
gender.sort_values(by = '>50k', inplace = True)
ax = gender.plot(kind ='bar', title = 'Proportion distribution across gender levels')
ax.set_xlabel('Gender level')
ax.set_ylabel('Proportion of population')
plt.show()
```

输出：

如图 7-5 所示，从总体上看，男女之间存在工资差距。同时观察到，男性年收入超过 50k 的比例是女性同龄人的两倍多。

【例 7-7.10】 workclass 对比分析，程序运行结果如图 7-6 所示

输入：

```
gender_workclass=round(pd.crosstab(adult.workclass,[adult.income,adult.gender]).div
                (pd.crosstab(adult.workclass, [adult.income, adult.gender]).
                apply(sum,1),0),2)
gender_workclass[[('>50k','Male'), ('>50k','Female')]].plot(
    kind = 'bar',title = 'Proportion distribution across gender for each workclass',
    figsize = (10,8), rot = 30)
```

```
ax.set_xlabel('Gender level')
ax.set_ylabel('Proportion of population')
```

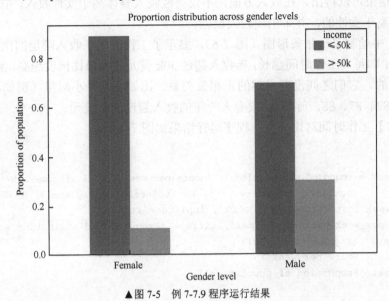

▲图 7-5　例 7-7.9 程序运行结果

输出：

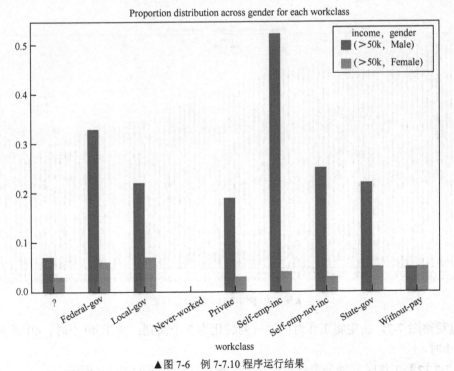

▲图 7-6　例 7-7.10 程序运行结果

如图 7-6 所示，除了"无薪"劳动者，男性每年收入超过 50k 的比例总是高于女性。对比例 7-7.9 中的结果可以得出，在收入方面，不仅男性收入整体高于女性收入，在 workclass 分布中男性也是高于女性的，并未出现较大反差。

例 7-7.11 中绘制了一张条形图（图 7-6），显示了工作时间下收入阶层的比例。我们会注意到一个趋势，即每周工作时间越长，年收入超过 50k 美元的人口比例就越高。然而从图上看，这不一定是真的，它们之间没有必然的正相关关系。比如在几个小时里（例如，工作时间是 77、79、81、82、87、88，等等），没有人一年的收入超过 50k 美元。

【例 7-7.11】工作时间对比分析，程序运行结果如图 7-7 所示

输入：

```
hours_per_week = round(pd.crosstab(adult['hours-per-week'],adult.income).div(pd.crosstab
            (adult['hours-per-week'], adult.income).apply(sum,1),0),2)
hours_per_week.sort_values(by = '>50k', inplace = True)
ax = hours_per_week.plot(kind ='bar', title = 'Proportion distribution across Hours
        per week', figsize = (20,12))
ax.set_xlabel('Hours per week')
ax.set_ylabel('Proportion of population')
plt.show()
```

输出：

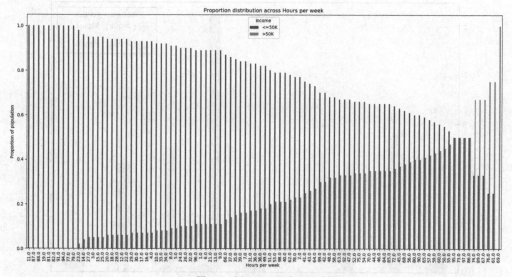

▲图 7-7　例 7-7.11 程序运行结果

通过观察图 7-7，决定将工作时间这一列转化为 3 个类别：少于 40 小时、40 至 60 小时、多于 60 小时。

【例 7-7.12】工作时间划分类别对比分析，程序运行结果如图 7-8 所示

输入：

```
adult['hour_worked_bins'] = ['<40' if i < 40 else '40-60' if i <= 60 else '>60' for i
in adult['hours-per-week']]
adult['hour_worked_bins'] = adult['hour_worked_bins'].astype('category')
hours_per_week = round(pd.crosstab(adult.hour_worked_bins,adult.income).div(pd.crosstab
(adult.hour_worked_bins, adult.income).apply(sum,1)),0),2)

hours_per_week.sort_values(by = '>50K', inplace = True)
ax = hours_per_week.plot(kind ='bar', title = 'Proportion distribution across Hours per
week', figsize = (10,6))
ax.set_xlabel('Hours per week')
ax.set_ylabel('Proportion of population')
plt.show()
```

输出：

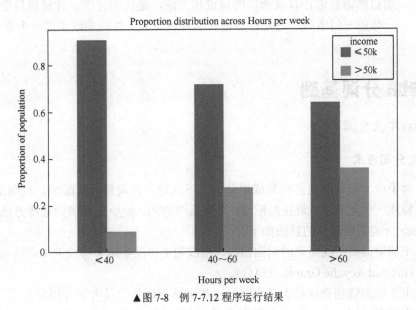

▲图 7-8　例 7-7.12 程序运行结果

通过绘制这 3 个类别的条形图，如图 7-8 所示，年收入超过 50k 美元的人口比例中，女性有增加的趋势。

7.2.2　小结

本章的内容相对简单，但这些知识足以让你大致了解数据分析的过程，以及利用 Python 开始数据分析任务。只有懂得了获取数据以及将数据进行提取与分析，才能完成更为复杂、精妙的分析。希望通过本章节所介绍的技术，你能够立马开展自己的分析工作。同时，本章中选取的数据集都是机器学习中标准的测试数据集，对你后期的机器学习任务同样适用。

第 8 章　自然语言处理

什么是自然语言处理？

自然语言处理（Natural Language Processing，NLP）是研究人与计算机之间用自然语言进行有效通信的理论和方法，是集语言学、计算机科学、数学等为一体的一门学科。它是计算机科学领域与人工智能领域中的一个重要方向。

8.1　Jieba 分词基础

8.1.1　Jieba 中文分词

1. 中文分词技术

目前，对于中文分词的主要研究成果分为以下几种：正向最大匹配法、反向最大匹配法、分词与词性标注一体化方法、最佳匹配法、专家系统方法、最少分词词频选择方法和神经网络方法等。Jieba 分词主要涉及的算法如下。

（1）基于前缀词典实现高效的词图扫描，生成句子中汉字所有可能的成词情况所构成的有向无环图（Directed Acyclic Graph，DAG）。

（2）采用了动态规划查找最大概率路径，找出基于词频的最大切分组合。

（3）对于未登录词，采用了基于汉字成词能力的 HMM 模型，使用了 Viterbi 算法。

中文分词技术是中文信息处理的基础，有着极其广泛的实际应用：汉语语言理解、机器翻译、语音合成、自动分类、自动摘要、数据挖掘和搜索引擎等，都需要对中文信息进行分词处理。因此，一个中文分词算法的好坏，会对其后续的应用产生极大的影响。

2. 常用分词模块

中文分词与英文分词有很大的不同，对英文而言，一个单词就是一个词，而汉语以字为基本书写单位，词语之间没有明显的区分标记，需要人为切分。现在开源的中文分词工具有 SnowNLP、THULAC、Jieba 和 HanLP 等，都还在不断更新和维护过程中，本书将以 Python

中的 Jieba 分词包为例进行阐述。

Jieba 分词，也被称为"结巴"分词，同时支持繁体中文分词，而且存在众多编程语言版本，如 Java 版本、C++版本、R 版本、PHP 版本和 Go 版本等。

8.1.2 Jieba 分词的 3 种模式

Jieba 分词支持 3 种模式分词，分别为：精准模式、全模式及搜索引擎模式。

1. 精准模式

将句子精确地切开，适合文本分析。jieba.cut 实现分词，通过布尔型参数 cut_all 确定分词模型，如果为 False，则为精准模式。

2. 全模式

把句子中所有的可以成词的词语都扫描出来，速度非常快，但是不能解决歧义。jieba.cut 实现分词，通过布尔型参数 cut_all 确定分词模型，如果为 True，则为全模式。

3. 搜索引擎模式

在精准模式的基础上，对长词再次切分，提高召回率，适用于搜索引擎分词。jieba.cut_for_search 实现搜索引擎模式。

下面通过例 8-1 对上述 3 种模式进行说明。

【例 8-1】Jieba 分词的 3 种模式示例

输入：

```
import jieba
#全模式 cut_all=True
text="野生动物园有很多凶猛的动物"
str_quan1=jieba.cut(text, cut_all=True)
print("|".join(str_quan1))
```

输出：

野生|野生动物|生动|动物|动物园|有|很多|凶猛|的|动物

输入：

```
#精准模式
str_jing1=jieba.cut(text, cut_all=False)
print("|".join(str_jing1))
```

输出：

野生|动物园|有|很多|凶猛|的|动物

输入：

```
#搜索引擎模式
str_soso1=jieba.cut_for_search(text)
print("|".join(str_soso1))
```

输出：

野生|动物|动物园|有|很多|凶猛|的|动物

对例 8-1 中的 3 种模式中"野生动物园有很多凶猛的动物"的分词结果进行对比，见表 8-1。

表 8-1　　　　　　　　　　　　　　　3 种分词模式

预分词语句	分词模式	语句对应分词集合
野生动物园有很多凶猛的动物	精准模式	野生 动物园 有 很多 凶猛 的 动物
	搜索引擎模式	野生 动物 动物园 有 很多 凶猛 的 动物
	全模式	野生 野生动物 生动 动物 动物园 有 很多 凶猛 的 动物

下面进行结果分析，首先默认模式就是精准模式，即 cut_all=False。与全模式分词相比，精准模式分词的词量少且分词相对精准。精准模式常用于文本分析。全模式把句子中所有可以成词的词语都扫描出来，速度非常快，但是不能解决歧义问题。搜索引擎模式在精准模式的基础上，对长词再次切分，提高召回率，通常适用于搜索引擎需求下的分词。

小贴士：

jieba.cut 及 jieba.cut_for_search 返回数据的结构都是一个可迭代的生成器（generator），可以使用 for 循环来获得分词后得到的每一个词语，或者用 jieba.lcut 及 jieba.lcut_for_search 直接返回 list。

8.1.3　标注词性与添加定义词

1. 标注词性

在中文分词中，划分词性很重要，Jieba 分词可以标注分词的词性，词性类别表见表 8-2。

表 8-2　　　　　　　　　　　　　　　词性类别表

词性编码	词性名称	说　　明
ag	形语素	形容词性语素。形容词代码为 a，语素代码 g 前面置以 a
a	形容词	取形容词的英文 adjective 的第一个字母
ad	副形词	直接作状语的形容词。形容词代码 a 和副词代码 d 并在一起
an	名形词	具有名词功能的形容词。形容词代码 a 和名代码 n 并在一起
b	区别词	取汉字"别"的声母
c	连词	取连词的英文 conjunction 的第一个字母
dg	副语素	副词性语素。副词代码为 d，语素代码 g 前面置以 d

词性编码	词性名称	说　明
d	副词	取 adverb 的第二个字母，因其第一个字母已用于形容词
e	感叹词	取感叹词的英文 exclamation 的第一个字母
f	方位词	取汉字"方"的拼音首字母 f
g	语素	绝大多数语素都能作为合成词的"词根"，取汉字"根"的声母
h	前接成分	取英语单词 head 的第一个字母
i	成语	取成语的英文 idiom 的第一个字母
j	简称略语	取汉字"简"的声母
k	后接成分	后接成分词，一般很少用
l	习用语	习用语尚未成为成语，有点"临时性"，取"临"的声母
m	数词	取英语单词 numeral 的第三个字母，n、u 已有他用
ng	名语素	名词性语素。名词代码为 n，语素代码 g 前面置以 n
n	名词	取名词的英文 noun 的第一个字母
nr	人名	名词代码 n 和"人(ren)"的声母并在一起
ns	地名	名词代码 n 和处所词代码 s 并在一起
nt	机构团体	"团"的声母为 t，名词代码 n 和 t 并在一起
nz	其他专名	"专"的声母的第一个字母为 z，名词代码 n 和 z 并在一起
o	拟声词	取拟声词的英文 onomatopoeia 的第一个字母
p	介词	取介词的英文 prepositional 的第一个字母
q	量词	取量词的英文 quantity 的第一个字母
r	代词	取代词的英文 pronoun 的第二个字母，因 p 已用于介词
s	处所词	取处所词的英文 space 的第一个字母
tg	时语素	时间词性语素。时间词代码为 t，在语素的代码 g 前面置 t
t	时间词	取时间词的英文 time 的第一个字母
u	助词	取助词的英文 auxiliary 的第二个字母
vg	动语素	动词性语素。动词代码为 v，在语素的代码 g 前面置 v
v	动词	取动词的英文 verb 的第一个字母
vd	副动词	直接作状语的动词。动词和副词的代码并在一起
vn	名动词	指具有名词功能的动词。动词和名词的代码并在一起
w	标点符号	标点符号
x	非语素字	非语素字只是一个符号，字母 x 通常用于代表未知数、符号
y	语气词	取汉字"语"的声母
z	状态词	取汉字"状"的声母的前一个字母
un	未知词	不可识别词及用户自定义词组，取英文 unknown 的前两个字母

【例 8-2】 Jieba 分词标注词性

输入：

```
import jieba.posseg as pseg
text="野生动物园有很多凶猛的动物"
word = pseg.cut(text)
for w in word:
```

```
    if w.flag in ["n", "v"]:
            print ("w.word={}, w.flag={}".format(w.word, w.flag))
```

输出:

```
w.word=动物园, w.flag=n
w.word=有, w.flag=v
w.word=动物, w.flag=n
```

词性用来描述一个词在上下文中的作用。例如,描述一个概念的词称为名词,在下文引用这个名词的词称为代词,如果我们要对语料库中的人名及地名进行识别,标注词性就显得尤为重要,根据具体的需求选择词性进行提取(分词词性见表 8-2),以有效地完成项目目标。

2. 添加自定义词

在利用 Jieba 分词时,调用的词库是 Jieba 分词自带的一个 dict.txt 字典,通常位于 Python 存放包文件的目录 site-packages\jieba。但是,由于默认的词库往往不能满足我们的需求,分词效果不佳,因此需要添加新词。例如,我的语料库来源全部都是旅游信息方面的语料,默认的词库并不是针对旅游方面的,如 "5A 景区" 中的 "5A" 可能就不在 dict.txt 字典语料库中。这导致提取信息过程不够精准,影响后期的数据挖掘,这时就需要添加自定义词。

【例 8-3】添加自定义词 "有很多"
输入:

```
import jieba
text="野生动物园有很多凶猛的动物"
jieba.add_word("有很多")
str_quan1=jieba.cut(text, cut_all=False)
print("|".join(str_quan1))
```

输出:

```
野生|动物园|有很多|凶猛|的|动物
```

通过与表 8-1 中 3 种模式分词效果表进行对比,可以看出,jieba.add_word("有很多")实现了添加自定义词的功能。

🏆小贴士:

Jieba 分词在分词方面功能非常强大,不仅包含上述特点,同时可以合并同义词、加载自定义词库和修改词频等。更多 Jieba 分词功能可以参考官网资料。

8.2 关键词提取

关键词提取技术是文本分类、文本聚类、信息检索等技术的基础,在自然语言处理领域有着非常广泛的应用。

8.2.1 TF-IDF 关键词提取

关键词提取技术是自然语言处理的重要基础。随着信息科学技术的快速发展及互联网的普及，网络文本资源呈几何级数不断增长。面对更新日益频繁和规模庞大的文本数据，如何高效准确地实现关键词提取成为影响信息检索系统性能的关键。目前，不少学者结合中文自然语言的结构和中文关键词的特点，通过结合关键词的频率、位置关系及词性等特征，以优化关键词的提取性能。

1. TF-IDF 基本原理

词频-逆文件频率（Term Frequency-Inverse Document Frequency，TF-IDF）是一种常用的用于信息检索与信息探勘的加权技术。TF-IDF 是一种统计方法，用以评估一字词对于一个文件集或一个语料库中的其中一份文件的重要程度。字词的重要性随着它在文件中出现的次数成正比增加，但同时会随着它在语料库中出现的频率成反比下降。

TF-IDF 的主要思想是：如果某个词或短语在一篇文章中出现的频率高，并且在其他文章中很少出现，则认为此词或者短语具有很好的类别区分能力，适合用来分类。通俗理解就是，一个词语在一篇文章中出现次数越多，同时在所有文档中出现次数越少，越能够代表该文章。

TF 指的是某一个给定的词语在该文件中出现的次数。这个数字通常会被归一化（一般是词频除以文章总词数），以防止它偏向长的文件，同一个词语在长文件里可能会比短文件有更高的词频，而不管该词语重要与否。

但是，需要注意，一些通用的词语对于主题并没有太大的作用，反倒是一些出现频率较少的词才能够表达文章的主题，因此单纯使用 TF 是不合适的。权重的设计必须满足：一个词预测主题的能力越强，权重越大；反之，权重越小。在所有统计的文章中，一些词只是在其中很少几篇文章中出现，那么这样的词对预测文章主题的作用才是重要的，这些词的权重应该设计得较大。IDF 就是在完成这样的工作。TF 公式如下：

$$TF_w = \frac{在某一类中词条\,w\,出现的次数}{该类中所有的词条数目}$$

$$tf_{i,j} = \frac{n_{i,j}}{\sum_k n_{k,j}}$$

其中，$n_{i,j}$ 是该词在文件 d_j 中的出现次数，而分母则是在文件 d_j 中所有字词的出现次数之和。

IDF 的主要思想：如果包含词条 t 的文档越少，IDF 越大，则说明词条具有很好的类别区分能力。某一特定词语的 IDF，可以由总文件数目除以包含该词语之文件的数目，再将得到的商取对数，得到公式如下：

$$IDF = \log\left(\frac{语料库的文档总数}{包含词条\,w\,的文档数 + 1}\right)$$

$$idf_i = \log \frac{|D|}{\left|\left\{ j : t_i \in d_j \right\}\right| + 1}$$

注意，上述公式中分母加 1 是为了避免分母为 0。

其中，$|D|$ 是语料库中的文档总数。

$\left|\left\{ j : t_i \in d_j \right\}\right|$ 表示包含词语 t_i 的文件数目（即 $n_{i,j} \neq 0$ 的文件数目），如果该词语不在语料库中，就会导致被除数为零，因此一般情况下使用 $\left|\left\{ j : t_i \in d_j \right\}\right| + 1$。

最后，TF-IDF 公式为：

$$\text{TF-IDF} = tf_{i,j} \times idf_i$$

2. 基于 TF-IDF 算法的关键词抽取

本部分将以 Jieba 分词下的 TF-IDF 为例进行实战，首先针对 jieba.analyse.extract_tags 进行参数说明。

```
jieba.analyse.extract_tags(sentence, topK=20, withWeight=False, allowPOS=())
```

❑　sentence：为待提取的文本。
❑　topK：表示返回关键词个数，默认值为 20。
❑　withWeight：为关键词权重值，默认值为 False。
❑　allowPOS：指定词性，默认值为空，即不筛选。

【例 8-4】Jieba 分词的关键词提取

输入：

```
import jieba.analyse
import math
```

text="人工智能在国内获得快速发展，国家相继出台一系列支持人工智能发展的政策，各大科技企业也争相宣布其人工智能发展战略，资本更是对这一新兴领域极为倾心。作为新一轮产业变革的核心驱动力，中国的人工智能发展正在进入新阶段，而且中国有望成为引领全球人工智能发展的重要引擎。"

```
keywords1=jieba.analyse.extract_tags(text)
print('关键词提取'+"/".join(keywords1))
```

输出：

关键词提取　人工智能/发展/倾心/驱动力/争相/引擎/引领/变革/新一轮/各大/极为/相继/新兴/出台/中国/核心/更是/科技/一系列/快速

输入：

```
keywords_top=jieba.analyse.extract_tags(text, topK=3)
```

```
print('关键词 topk'+"/".join(keywords_top))
```

输出：

关键词 topk　人工智能/发展/倾心

输入：

```
#有时不确定提取多少关键词，可利用总词的百分比
print('总词数{}'.format(len(list(jieba.cut(text)))))
```

输出：

总词数 67

输入：

```
total=len(list(jieba.cut(text)))
get_cnt=math.ceil(total*0.1)   #向上取整
print('从%d 中取出%d 个词'% (total, get_cnt))
```

输出：

从 67 中取出 7 个词

输入：

```
keywords_top1=jieba.analyse.extract_tags(text, topK=get_cnt)
print('关键词 topk'+"/".join(keywords_top1))
```

输出：

关键词 top　人工智能/发展/倾心/驱动力/争相/引擎/引领

　　从上述结果可以看出，当不指定 topK 的时候，默认输出为 20 个词，之后分别指定 topK=3 与输出百分比的形式，均在一定程度上体现了这段文字的价值导向以及人工智能的发展态势。

　　🦝小贴士：
　　　　TF-IDF 算法不仅仅存在于 Jieba 分词中，如机器学习模块 Scikit-learn 也同样支持。

8.2.2　TextRank 关键词提取

　　TextRank 算法是一种用于文本的基于图的排序算法。其基本思想来源于谷歌的 PageRank 算法，即通过把文本分割成若干组成单元（单词、句子）并建立图模型，利用投票机制对文本中的重要成分进行排序，仅利用单篇文档本身的信息即可实现关键词提取、文摘提取。和 LDA、HMM 等模型不同，TextRank 不需要事先对多篇文档进行学习训练，因其简洁有效而得到广泛应用。

1. TextRank 原理简介

TextRank 一般模型可以表示为一个有向有权图 $G = (V, E)$，由点集合 V 和边集合 E 组成，E 是 $V \times V$ 的子集。图中任意两点 V_i、V_j 之间边的权重为 W_{ij}，对于一个给定的点 V_i，$\ln(V_j)$ 为指向该点的点集合，$Out(V_i)$ 为 V_i 指向的点集合。点 V_i 的得分定义如下：

$$WS(V_i) = (1-d) + d \times \sum_{V_j \in \ln(V_i)} \frac{w_{ji}}{\sum_{V_k \in Out(V_j)} w_{jk}} WS(V_j)$$

其中，d 为阻尼系数，取值范围为 0~1，代表从图中某一特定点指向其他任意点的概率，一般取值为 0.85。使用 TextRank 算法计算图中各点的得分时，需要给图中的点指定任意的初值，并递归计算直到收敛，即图中任意一点的误差率小于给定的极限值时就可以达到收敛，一般该极限值取 0.0001。等式左边表示一个 V_i 的权重 WS（weight sum），右侧的求和表示 $\ln(V_j)$ 对 V_i 的贡献程度。在 Jieba 分词模块中，jieba.analyse.TextRank()的流程为：

（1）将待抽取关键词的文本进行分词；

（2）以固定窗口（默认为5），完成词之间的共现关系；

（3）计算每个顶点间的权重，完成无向带权图。

基于 TextRank 的关键词提取，首先理解什么是共现关系？将文本进行分词，去除停用词或词性筛选等之后，设定窗口长度为 K，即最多只能出现 K 个词，而后进行窗口滑动，在窗口中共同出现的词之间即可建立起无向边，如图 8-1 所示[①]。

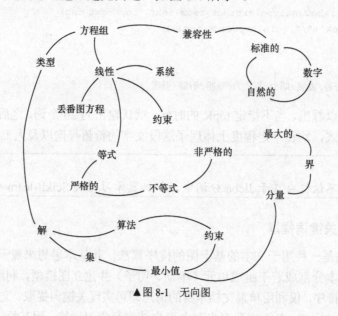

▲图 8-1　无向图

① 图片来源：Mihalcea R , Tarau P . TextRank: Bringing Order into Texts[C]// Proc Conference on Empirical Methods in Natural Language Processing. 2004.

关键词抽取的任务就是从一段给定的文本中自动抽取出若干有意义的词语或词组。TextRank 算法是利用局部词汇之间关系（共现窗口）对后续关键词进行排序，直接从文本本身抽取，其主要步骤如下。

（1）把给定的文本 T 按照完整句子进行分割，即 $T = [S_1, S_2, \cdots, S_m]$。

（2）对于每个句子 $S_i \in T$，进行分词和词性标注处理，并过滤掉停用词，只保留指定词性的单词 $S_i = [t_{i,1}, t_{i,2}, \cdots, t_{i,n}]$，如名词、动词、形容词，即其中 $t_{i,j} \in S_j$ 是保留后的候选关键词。

（3）构建候选关键词图 $G = (V, E)$，其中 V 为节点集，由步骤 2 生成的候选关键词组成，然后采用共现关系（co-occurrence）构造任两点之间的边，两个节点之间存在边仅当它们对应的词汇在长度为 K 的窗口中时共现。K 表示窗口大小，即最多共现 K 个单词。

（4）根据原理中的衡量重要性的权重公式，初始化各节点的权重，然后迭代计算各节点的权重，直至收敛。

（5）对节点权重进行倒序排序，从而得到最重要的 T 个单词作为候选关键词。

（6）由步骤 5 得到最重要的 T 个单词，在原始文本中进行标记，若形成相邻词组，则组合成多词关键词。例如，文本中有句子"Matlab code for plotting ambiguity function"，如果"Matlab"和"code"均属于候选关键词，则组合成"Matlab code"加入关键词序列。

🐶小贴士：

以 PageRank 为基础的算法不仅有在文本中起着重要作用的 TextRank，还有在推荐算法中起着重要作用的 PersonalRank 算法，有兴趣的读者可以整体浏览并学习这 3 个算法，效果更佳。

2. 基于 TextRank 关键词抽取

下面基于 TextRank 算法抽取关键词。首先我们来观察一下基于 Jieba 分词的关键词抽取参数。

```
jieba.analyse.textrank(sentence, topK=20, withWeight=False, allowPOS=('ns', 'n', 'vn', 'v'))
```

❑ sentence：待提取的文本。
❑ topK：返回关键词个数，默认值为 20。
❑ withWeight：关键词权重值，默认值为 False。
❑ allowPOS：指定词性，默认值为空，即不筛选。

【例 8-5】基于 TextRank 算法的关键词抽取

输入：

```
keywords1=jieba.analyse.textrank(text)
print(keywords1)
```

输出：

['发展', '人工智能', '中国', '产业', '宣布', '作为', '驱动力', '有望', '成为', '引领', '全球', '变革', '争相', '支持', '核心', '出台', '倾心', '科技', '国家', '政策']

输入：

```
keywords2=jieba.analyse.textrank(text, topK=5)
print(keywords2)
```

输出：

['发展', '人工智能', '中国', '产业', '宣布']

从结果来看，调整输出关键词的个数依然可以得出这段文字的价值导向，即人工智能发展。但是值得注意的是，TextRank 将"中国"这个词提取出来，对比 TF-IDF 结果，"中国"的排名明显靠前，原因是 TextRank 算法提取是依据词语之间的贡献关系来构建图，计算图中节点的 Rank，而 TF-IDF 算法跟 Jieba 分词一样，首先自己有一个默认词库，内含相应的词语与词频，更多的是依据 dict.txt 来计算词频与逆向词频权重。"中国"是频繁出现的词，因此排名靠后。

8.3　word2vec 介绍

2013 年，Google 团队发布了 word2vec，它的特点是将所有的词向量化（word embedding）。word2vec 工具主要包含两个模型——跳字模型（skip-gram）和连续词袋模型（CBOW[①]），以及两种高效的训练方法——负采样（negative sampling）与层序 softmax（hierarchical softmax）。在本章中，我们将介绍词向量以及相应的语言模型，做到"知其然，亦知其所以然"。

8.3.1　word2vec 基础原理简介

1. 词向量

词向量，顾名思义，就是用一个向量的形式表示一个词。为什么这么做？机器学习任务需要把任何输入量化成数值表示，然后充分利用计算机的计算能力，得出最终想要的结果。

NLP 中最直观，也是到目前为止常用的词表示方法是 One-hot Representation，这种方法把每个词表示为一个很长的向量。首先，统计出语料中的所有词汇，然后对每个词汇编号，针对每个词建立 V 维的向量，向量的每个维度表示一个词，因此对应编号位置上的维度数值为 1，其他维度全为 0。

下面通过一个例子进行介绍。

例如，"话筒"与"麦克"这两个词，它们的词向量分别表示如下。

"话筒"表示为 [0 0 0 1 0 0 0 0 0 0 0 0 0 0 0 0 ...]

"麦克"表示为 [0 0 0 0 0 0 0 0 1 0 0 0 0 0 0 0 ...]

---

① CBOW 是 Continuous Bag-of-Words Model 的缩写，是一种与前向 NNLM 类似的模型，不同之处在于 CBOW 去掉了最耗时的非线性隐层且所有词共享隐层。

如果采用稀疏方式存储这种 One-hot Representation，将会非常简洁：也就是给每个词分配一个数字 ID。可以这样理解，每个词都是茫茫"0"海中的一个"1"，如在刚才的例子中，话筒记为 3，麦克记为 8（索引从 0 开始记）。

如果要编程实现，那么用散列（Hash）表给每个词分配一个编号就可以了。这么简洁的表示方法再配合最大熵、SVM 和 CRF 等算法，已经可以很好地完成 NLP 领域的各种常见任务。但是，它也存在下列一些问题。

（1）维度灾难：维度很大。当词汇较多时，可能会达到百万维，造成维度灾难。

（2）词汇鸿沟：任意两个词之间都是孤立的。仅从这两个向量中看不出两个词是否有关系，哪怕是话筒和麦克这样的同义词也不例外。

深度学习中一般用到的词向量并不是刚才所提及的 One-hot Representation 表示的那种很长的词向量，而是用 Distributed Representation。Distributed Representation 最早是 Hinton 在 1986 年的论文 *Learning distributed representations of concepts* 中提出的。就是用一种能够刻画语义之间的相似度并且维度较低的稠密向量表示词向量。这种向量将词表示为 [0.793，−0.177，−0.107，0.109，0.542，…]的矩阵，通常该类矩阵设置为 50 维或 100 维，通过计算向量之间的距离，来体现词与词之间的相似性，解决词汇鸿沟的问题。

Distributed Representation 最大的贡献就是让相关或者相似的词在距离上更接近了。向量的距离可以用最传统的欧氏距离来衡量，也可以余弦相似度来衡量。用这种方式表示的向量，"麦克"和"话筒"的距离会远远小于"麦克"和"天气"，可能在理想情况下"麦克"和"话筒"的表示是完全一样的。但是由于有些人会把英文名"迈克"也写成"麦克"，导致"麦克"一词带上了一些人名的语义，因此不会和"话筒"完全一致。

2. 哈夫曼编码

哈夫曼编码（Huffman Coding），又称霍夫曼编码，是一种编码方式。哈夫曼编码是可变字长编码（VLC）的一种。Huffman 于 1952 年提出一种编码方法，该方法完全依据字符出现概率来构造异字头的平均长度最短的码字，有时也称为最佳编码。

下面通过一个例子来进行介绍。

假设一个文本文件中只包含 7 个字符{A，B，C，D，E，F，G}，这 7 个字符在文本中出现的次数依次为{5，24，7，17，34，5，13}，利用哈夫曼树可以为文件构造出符合前缀编码要求的不等长编码，如图 8-2 所示。

具体做法如下：

（1）将文件中的 7 个字符都作为叶子节点，每个字符出现次数作为该叶子节点的权值；

（2）规定哈夫曼树中所有左分支表示字符 0，所有右分支表示字符 1，将依次从根节点到每个叶子节点所经过的分支的二进制位的序列作为该节点对应的字符编码；

（3）由于从根节点到任何一个叶子节点都不可能经过其他叶子，这种编码一定是前缀编码，哈夫曼树的带权路径长度正好是文件编码的总长度。

哈夫曼编码是一种无前缀编码，解码时不会混淆，主要应用在数据压缩、加密解密等场合。

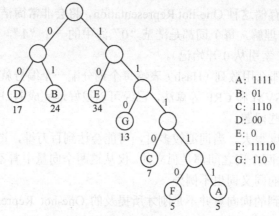

A: 1111
B: 01
C: 1110
D: 00
E: 0
F: 11110
G: 110

▲图 8-2　哈夫曼树

那么哈夫曼树有什么好处呢？在得到哈夫曼树后，一般会对叶子节点进行哈夫曼编码，由于权重高的叶子节点靠近根节点，而权重低的叶子节点会远离根节点，因此高权重节点编码值较短，而低权重节点编码值较长。这就保证树的带权路径最短，也符合信息论，即我们希望越常用的词拥有更短的编码。

在 word2vec 中，约定编码方式和上面的例子相反，即约定左子树编码为 1，右子树编码为 0，同时约定左子树的权重不小于右子树的权重。

3. 统计语言模型

传统的统计语言模型是表示语言基本单位（一般为句子）的概率分布函数，这个概率分布也就是该语言的生成模型。一般语言模型可以使用各个词语条件概率的形式表示。

给定一个由 n 个词语按顺序组成的句子 $S = p(w_1, w_2, \cdots, w_n)$，则概率 $p(s)$ 即为统计语言模型。

通过贝叶斯公式，可以将概率 $p(s)$ 进行分解：

$w_1^T = w_1, w_2, ..., w_T$ 表示长度为 T 的词串。

$$P(w_1^T) = P(w_1, w_2, ..., w_T) = P(w_1)P(w_2|w_1)P(w_3|w_1, w_2)...P(w_T|w_1, w_2, ..., w_{T-1})$$

其中，$P(w_t|w_1, w_2, ..., w_{T-1}) = \dfrac{\text{count}(w_1, w_2, ..., w_{t-1}, w_t)}{\text{count}(w_1, w_2, ..., w_{t-1})}$。

$$p(s) = p(w_1) p(w_2|w_1) p(w_3|w_1^2) \cdots p(w_n|w_1^{n-1})$$

因此，要计算一个句子出现的概率，只需要计算出在给定上下文的情况下，下一个词为某个词的概率即可，即 $p(w_i|context(w_i))$。当所有条件概率 $p(w_i|context(w_i))$ 都计算出来后，通过连乘即可计算出 $p(s)$。因此，统计语言模型的关键问题在于找到计算概率 $p(w_i|context(w_i))$ 的模型。

下面通过一个例子来进行介绍。

将"大家喜欢吃苹果"这个句话进行分词，得到结果"大家""喜欢""吃"

和"苹果"。下面判断这句话是否为一个常规的自然语言。

P(大家，喜欢，吃，苹果)=p(大家)p(喜欢|大家)p(吃|大家，喜欢)p(苹果|大家，喜欢，吃)

❑ p(大家)表示"大家"这个词在语料库里面出现的概率。

❑ p(喜欢|大家)表示"喜欢"这个词出现在"大家"后面的概率。

❑ p(吃|大家，喜欢)表示"吃"这个词出现在"大家喜欢"后面的概率。

❑ p(苹果|大家，喜欢，吃)表示"苹果"这个词出现在"大家喜欢吃"后面的概率。

把这些概率进行连乘，得到的就是这句话平时出现的概率。

如果这个概率特别低，说明这句话不常出现，那么就不算是一句自然语言，原因是在语料库里面很少出现。如果出现概率高，就说明这是一句自然语言。

8.3.2 word2vec 训练模型

1. CBOW 与 Skip_gram 模型

word2vec 是 Mikolov 等人所提出模型的一个实现，可以用来快速有效地训练词向量。目前，word2vec 包含了两种训练模型，分别是 CBOW 和 Skip_gram，如图 8-3 所示。

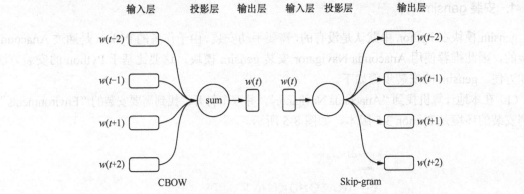

▲图 8-3 CBOW 与 Skip-gram

从图 8-3 可以看出，CBOW 和 Skip_gram 模型均包含输入层、投影层和输出层。其中，CBOW 模型通过上下文来预测当前词，Skip_gram 模型则通过当前词来预测其上下文。word2vec 提供了具体学习过程中会用到的两个降低复杂度的近似方法，分别是 Hierarchical Softmax 和 Negative Sampling。将训练模型和优化方法进行组合，可得到 4 种训练词向量的框架，见表 8-3。

表 8-3 模型与优化方法

	CBOW	Skip_gram
Hierarchical Softmax	CBOW+HS	Skip_gram+HS
Negative Sampling	CBOW+NS	Skip_gram+NS

2. 训练框架

通过训练模型和优化方法组合成了 4 个训练词向量的框架，为了更好地理解训练形式，通过图 8-4 所示的形式进行说明。

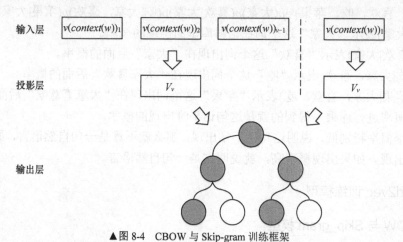

输入层　$v(context(w))_1$　$v(context(w))_2$　$v(context(w))_{v-1}$　　$v(context(w))_1$

投影层　　　　　　　　V_v　　　　　　　　V_v

输出层

▲图 8-4　CBOW 与 Skip-gram 训练框架

8.3.3　基于 gensim 的 word2vec 实战

1. 安装 gensim

gensim 模块在 Python 中默认是没有的，需要手动安装。由于作者的 Python 是通过 Anaconda 安装的，因此推荐使用 Anaconda Navigator 安装 gensim 模块，这要比基于 Python 的安装方法更加方便。gensim 的安装步骤如下。

（1）在本地计算机找到 "Anaconda Navigator"，并双击打开，找到需要安装的 "Environments"，本例安装的环境是 Python 3.5 版本，如图 8-5 所示。

▲图 8-5　Anaconda Navigator 环境界面

（2）在打开的 Anaconda Navigator 操作界面中，找到 "Channels" 的左侧选择框（模块当前状态框），选择"All"，之后在其右侧的搜索框中输入"gensim"搜索，出现 gensim 模块基本信息，单击"Name"下的"gensim"前的方框，出现"↓"图标，单击安装，如图 8-6 所示。

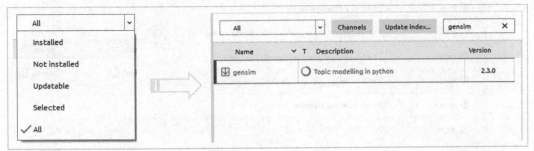

▲图 8-6　搜索 gensim 模块

（3）在步骤 2 完成之后，搜索结果会出现 gensim 模块，单击下载后，再单击两次"Apply"按钮，第一次在当前界面中的右下角单击，等待一段时间（10s 左右）之后，弹出窗口"Install Packages"，再次单击"Apply"按钮，如图 8-7 所示。

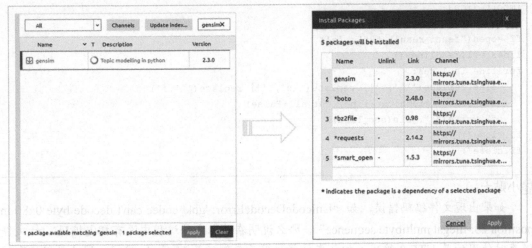

▲图 8-7　下载 gensim

（4）查看是否安装成功。首先找到"Channels"的左侧选择框（模块当前状态框），选择"installed"，可以看到 gensim 已经安装完成，如图 8-8 所示。如果模块较多，则可以在"Search Packages"框中搜索"gensim"。

2. 基于 gensim 的 word2vec 实战案例

word2vec 构建语料库操作的步骤如下：
（1）首先获取语料库，可以从数据库直接读取，也可以从本地读取；
（2）针对已有的语料进行分词，词与词之间一定要用空格。

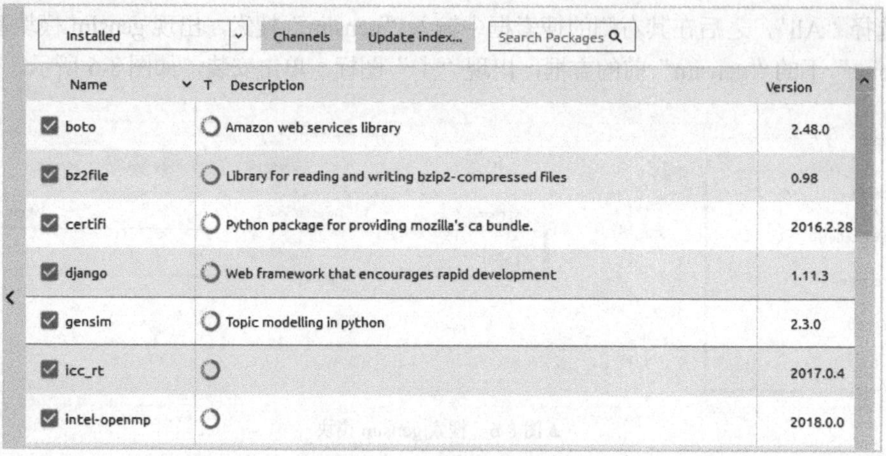

▲图 8-8　检测是否安装成功

【例 8-6】word2vec 构建语料库操作步骤的代码部分

输入：

```
import jieba
f1 =open("fenci.txt")
f2 =open("fenci_result.txt", 'a')
lines =f1.readlines()
for line in lines:
    line.replace('\t', '').replace('\n', '').replace(' ','')
    seg_list = jieba.cut(line, cut_all=False)
    f2.write(" ".join(seg_list))
f1.close()
f2.close()
```

🐝小贴士：

如果出现文件编码错误，如 "UnicodeDecodeError: 'gbk' codec can't decode byte 0x80 in position 23: illegal multibyte sequence"，那么说明在读取文件过程中没有指定编码。txt 文件保存时使用的是 UTF-8 编码，但是在计算机里面存储的是 Unicode 编码，因为数据读取时发现文件中有中文，所以按照 GBK 来试图将 Unicode 解码，但是由于文件本身是 UTF-8 编码的，所以解码失败。因此，可以将例 8-6 中相关语句修改如下：f1 =open("fenci.txt", encoding="utf-8")。

【例 8-7】word2vec 基本语法示例

下面使用 gensim 的 word2vec 训练模型。

```
#1.导入模块
    from gensim.modelsimport word2vec
    import logging
```

```
#2.主程序训练模型
    logging.basicConfig(format='%(asctime)s:%(levelname)s:
        %(message)s',level=logging.INFO)
    #加载语料
    sentences =word2vec.Text8Corpus("fenci_result.txt")
    #默认参数训练
    model =word2vec.Word2Vec(sentences, size=200)
#3.保存与加载模型，以便重用
    #保存方式
    model.save("word2vec.model")
    # 加载方式
    word2vec.Word2Vec.load("word2vec.model")
#4.输出词向量
    model['中国']
#5.计算与某个词的相关词列表
    model.most_similar("北京")
#6.计算两个词之间的余弦距离
    model.similarity("北京", "上海")
#7.向量加减法
    #使用一些词语来限定，分为正向和负向
    #向量加法的形式即表现为：[皇帝+女人-男人]
    model.most_similar(positive=['皇帝',"女人"],negative=["男人"])
#8.对比两条词组的相似性
    list_sim1 =  model.n_similarity(['国家','5A','风景','名胜'],['历史','文化','源远流长'])
#9.寻找不合群的词
    model.doesnt_match(["李白","杜甫","游泳馆"])
```

【例 8-8】word2vec 实现标签相似度
输入：

```
def get_sim1():
    #加载模型
    model = word2vec.Word2Vec.load('train_model')
    sim_most=model.most_similar("北京", topn=10)
    print("与北京最相似的 10 个词")
    print(sim_most)
    tag_list=["李白","杜甫","游泳馆","健身中心","熊","豹"]
    print("标签之间的相似度")
    for i in tag_list:
        for j in tag_list[tag_list.index(i)+1:]:
            sim=model.similarity(i,j)
            print("{}与{}: {}".format(i,j,sim))
```

输出：

与北京最相似的 10 个词

```
[('上海', 0.6950579285621643), ('天津', 0.6936454176902771), ('南京', 0.6776465177536011),
('西安', 0.6432613134384155), ('沈阳', 0.6341951489448547), ('广州', 0.6242015361785889),
('哈尔滨', 0.6235491037368774), ('昆明', 0.603058397769928), ('成都', 0.6008168458938599),
('重庆', 0.5895441174507141)]
标签之间的相似度
李白与杜甫: 0.8591132915690053
李白与游泳馆: -0.20882734250171714
李白与健身中心: -0.08759628423741822
李白与熊: 0.06353129776453582
李白与豹: 0.15838205256263999
杜甫与游泳馆: -0.17904643540741882
杜甫与健身中心: -0.06221401739057081
杜甫与熊: 0.06707725944606188
杜甫与豹: 0.14574979471264443
游泳馆与健身中心: 0.8276172650626101
游泳馆与熊: 0.2113158954636301
游泳馆与豹: 0.12360298915638047
健身中心与熊: 0.2746097803541384
健身中心与豹: 0.21935094194225768
熊与豹: 0.8022013758490536
```

上述示例通过加载训练好的 word2vec 模型"train_model"实现对 tag_list 中 6 个标签进行余弦相似度计算，sim 区间是[-1,1]，通过观察计算结果，发现杜甫与李白、游泳馆与健身中心、熊与豹之间的相似度均在 0.8 以上，其他标签之间相似度均相对来说较小，如说李白与游泳馆之间的相似度约为-0.20，表明李白与游泳馆标签之间存在负相关。虽然通过不同模式训练的模型得到的相似度最终结果有所不同，但整体仍能确保文本相似度的呈现，效果比较显著。

【**例 8-9**】实现例 8-7 中的向量加减法、对比两条词组的相似性和寻找不合群的词等功能

输入：

```
def  get_sim2():
    model = word2vec.Word2Vec.load('train_model')
    print("7.实现文本之间的向量加减法")
    most_sim=model.most_similar(positive=['皇帝',"女人"],negative=["男人"],topn=1)
    print("[皇帝+女人-男人]的结果为={}".format(most_sim))
    print("8.计算两个词条之间的相似度")
    list1 = ['国家','5A','风景','名胜']
    list2 = ['历史','文化','源远流长']
    list3 = ['5A','风景','名胜','引人入胜']
    list_sim1 =  model.n_similarity(list1, list2)
    print ("list1 与 list2 之间的 similarity={}".format(list_sim1))
    list_sim2 = model.n_similarity(list1, list3)
    print ("list2 与 list3 之间的 similarity={}".format(list_sim2))
    print("9.寻找不合群的词")
    doesnt_match=model.doesnt_match(["李白","杜甫","游泳馆"])
```

```
    print("[李白,杜甫,游泳馆]中不属于同一类的词语是{}".format(doesnt_match))
```

输出：

```
7.实现文本之间的向量加减法
[皇帝+女人–男人]的结果为=[('慈禧', 0.6499686241149902)]
8.计算两个词条之间的相似度
list1 与 list2 之间的 similarity=0.31198747874400884
list2 与 list3 之间的 similarity=0.8622564277313807
9.寻找不合群的词
[李白,杜甫,游泳馆]中不属于同一类的词语是游泳馆
```

　　在实现文本之间向量加减法中，[皇帝+女人–男人]利用基本的代数式来挖掘词的关系的结果为慈禧，同时计算两个词条之间的相似度与寻找不合群的词之间的任务也顺利完成。可以清楚地看到，word2vec 能够学习词与词之间有意义的关系，从而完成许多艰巨的 NLP 任务。

第9章 从回归分析到算法基础

什么是回归分析？

回归分析就是定量地描述自变量和因变量之间的关系，并根据这些数量关系对现象进行预测和控制的一种统计分析方法。这种预测称为回归分析预测，例如可以通过回归去研究工程师薪资与工作年限的关系。

9.1 回归分析简介

9.1.1 "回归"一词的来源

"回归"（regression）一词来源于生物学，是由英国著名生物学家兼统计学家高尔顿[①]在研究人类遗传问题时提出来的。1885～1890 年期间，高尔顿发表多篇论文论证其观点。在研究父与子身高的遗传问题时，高尔顿搜集了 1078 对父子的身高数据，他发现这些数据的散点图大致呈直线状态。也就是说，总的趋势是父亲的身高增加时，儿子的身高也倾向于增加。高尔顿进而分析出子代的身高 y 与父亲的身高 x 大致可归结为直线关系，并求出了该直线方程（单位：英寸，1 英寸=2.54cm）：$\hat{y} = 33.73 + 0.156x$。

这种趋势及回归方程表明的内容如下：

❑ 父代身高每增加 1 个单位，其成年儿子的身高平均增加 0.516 个单位；
❑ 矮个子父亲所生的儿子比其父要高，如 $x=60$，$\hat{y} = 64.69$，高于父辈的平均身高。身材较高的父亲所生子女的身高却回降到多数人的平均身高，如 $x=80$，$\hat{y} = 75.01$，低于父辈的平均身高。换句话说，当父亲身高走向极端，子女的身高不会像父亲身高那样极端化，其身高要比父亲们的身高更接近平均身高，即有"回归"到平均数的趋势。

以上就是统计学上最初出现"回归"时的含义，高尔顿把这一现象叫作"向平均数方向的

[①] 高尔顿（Francis Galton, 1822—1911），他的父亲萨缪尔·特修斯·高尔顿（Samuel Tertius Galton, 1873—1844）是一位著名的银行家；他的外祖父伊拉兹马斯·达尔文（ErasmusDarwin, 1731—1802）是英国著名的医学家、动植物学家、诗人和哲学家。英国生物学家、进化论的奠基人《物种起源》的作者查尔斯·罗伯特·达尔文（Charles Robert Darwin, 1809—1882）是他的表哥。

回归"（regression toward mediocrity）。虽然这是一种特殊情况，与线形关系拟合的一般规则无关，但"线形回归"的术语却因此沿用下来，作为根据一种变量（父亲身高）预测另一种变量（子女身高）或多种变量关系的描述方法。之后，回归分析的思想渗透到了数理统计的其他分支。随着计算机的发展以及各种统计软件包的出现，回归分析的应用越来越广泛。

9.1.2　回归与相关

客观事物在发展过程中是彼此联系、相互影响的，在数据挖掘的过程中常常要研究两个或者两个以上的变量之间的关系，各种变量间的关系大致可以分为完全确定关系（函数关系）和非确定性关系。

（1）完全确定关系：$y = f(x)$ 可以用精确的数学表达式来表示，即当变量 x 的取值确定后，y 有唯一的确定值与之对应，如圆形的面积（A）与半径（r）之间的关系为 $A = \pi r^2$。

（2）非确定关系：$y = f(x) + \varepsilon$ 不能用精确的数学公式来表示，当变量 x 的取值确定后，y 有若干种可能的取值，如父代身高与子代身高之间、房价与人口密度之间，等等。这些变量间都存在着十分密切的关系，但是不能通过一个或者几个变量的值来精准地计算出另外一个变量的值。统计学中把这些变量间的关系称为相关关系，把存在相关关系的变量称为相关变量。

在一定的范围内，对一个变量的任意数值（x_i），虽然没有另一个变量的确定数值（y_i）与之对应，但是却有一个特定 y_i 条件概率分布与之对应，这种变量的不确定关系，称为相关关系。通常，相关变量间的关系一般分为因果关系和平行关系。

（1）因果关系：一个变量的变化受另一个或几个变量的影响，如玉米的生长速度受种子的遗传特性、管理条件等影响。统计学上采用回归分析方法来研究呈因果关系的相关变量之间关系。表示原因的变量成为自变量，表示结果的变量成为因变量。

（2）平行关系：变量之间互为因果或共同受另外的因素影响，如人的身高和胸围。统计学上采用相关分析[①]来研究呈平行关系的相关变量之间的关系。

9.1.3　回归模型的划分与应用

1．回归模型的划分

回归问题分为模型学习和预测两个过程。即先基于给定的训练数据集构建一个模型，再根据新的输入数据预测相应的输出。

回归问题按照输入变量的个数可以分为一元回归和多元回归，按照输入变量和输出变量之间关系的类型，可以分为线性回归和非线性回归。

2．回归模型的应用

如图 9-1 所示。

---

① 对多个变量进行相关分析时，研究一个变量与多个变量间的线性相关称为复相关分析；研究其余变量保持不变的情况下两个变量间的线性相关称为偏相关分析。本章主要介绍回归分析，更多相关分析请读者自行查看相关文献。

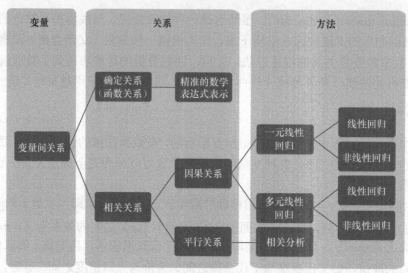

▲ 图 9-1　回归模型的应用

9.2　线性回归分析实战

9.2.1　线性回归的建立与求解

首先来看一个工作年限与年收入的例子。

工作年限是指职工以工资收入为全部或主要来源的工作时间。工作年限的长短标志着职工参加工作时间的长短，也反映了他对社会和企业的贡献大小以及知识、经验、技术熟练程度的高低。有 5 年工作经验的员工，往往要比只有两年工作经验的员工业务精通度、技术熟练度更高，所以工资也更高。

小明在北京从事算法工作，整理了身边 5 个从事算法工作同事的数据，工作年限与年收入数据如表 9-1 所示（单位：十万元）。

表 9-1　　　　　　　　　　　　　工作年限与年收入表

序号	1	2	3	4	5	6
工作年限（Years of working）	2	3	4	5	5	11
年收入（Yearly income）	20	25	30	34	31	40

试建立工作年限与年收入之间的关系式。

（1）首先针对表 9-1 描出散点图如图 9-2 所示。

从图 9-2 中可以看出，6 个点整体呈现线状分布，这说明两个变量之间存在线性相关关系。

设：
$$y = \beta_0 + \beta_1 x + \varepsilon \qquad \varepsilon \sim N(0, \sigma^2) \tag{9-1}$$

给定观测值 (x_i, y_i)，$i = 1, 2, \cdots, n$，代入式（9-1）则有：

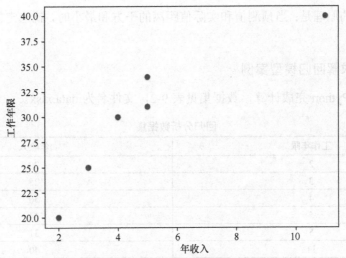

▲图 9-2 根据表 9-1 数据所做的散点图

$$\begin{cases} y_i = \beta_0 + \beta_1 x + \varepsilon_i \\ \varepsilon_i \sim N(0,\sigma^2) \qquad i=1,2,\cdots,n \\ \varepsilon_1,\cdots,\varepsilon_n \text{相互独立} \end{cases} \tag{9-2}$$

其中，式（9-2）称为一元线性回归模型。

（2）利用最小二乘法求解方程。

设：
$$\hat{y} = \hat{\beta}_0 + \hat{\beta}_1 x \tag{9-3}$$

记作：
$$\varepsilon_i = y_i - \hat{y}_i, \quad i=1,2,\cdots,n$$

$$Q(\beta_0,\beta_1) = \sum_{i=1}^{n} \varepsilon_i^2 = \sum_{i=1}^{n}(y_i - \hat{y}_i)^2 = \sum_{i=1}^{n}(y_i - \beta_0 - \beta_1 x)^2 \tag{9-4}$$

求 β_0, β_1，使得二元函数 $Q(\beta_0,\beta_1)$ 达到最小，由微积分知识，得方程：

$$\begin{cases} \dfrac{\partial Q(\beta_0,\beta_1)}{\partial \beta_0} = -2\sum_{i=1}^{n}(y_i - \beta_0 - \beta_1 x) = 0 \\ \dfrac{\partial Q(\beta_0,\beta_1)}{\partial \beta_0} = -2\sum_{i=1}^{n}(y_i - \beta_0 - \beta_1 x_i)x_i = 0 \end{cases} \tag{9-5}$$

解得：
$$\begin{cases} \hat{\beta}_0 = \overline{y} - \beta_1 \overline{x} \\ \hat{\beta}_1 = \dfrac{\sum_{i=1}^{n}(x_i - \overline{x})(y_i - \overline{y})}{\sum_{i=1}^{n}(x_i - \overline{x})^2} \end{cases} \tag{9-6}$$

由此得回归方程 $\hat{y} = \hat{\beta}_0 + \hat{\beta}_1 x$，其中 $\hat{\beta}_1$ 为回归系数。

在数据表 9-1 中，经计算 $\hat{\beta}_0 = 20$，$\hat{\beta}_1 = 2$。

回归方程为 $\hat{y} = 20 + 2x$。

最小二乘法的原理是：当预测值和实际值距离的平方和最小时，就选定模型中的两个参数（β_0, β_1）。

9.2.2 Python 求解回归模型案例

本节将通过 Python 完成计算，数据集见表 9-2，文件名为 data.xlsx。

表 9-2　　　　　　　　　　　　　　回归分析数据集

工作年限	年收入
2	20
3	25
4	30
5	34
5	31
11	40

希望构建 $\hat{y} = \hat{\beta}_0 + \hat{\beta}_1 x$，其中 $\hat{\beta}_0$ 是一个常数，$\hat{\beta}_1$ 是回归系数。

【例 9-1】回归分析，程序运行结果如图 9-3 所示

输入：

```python
#!usr/bin/env python
#_*_ coding:utf-8 _*_
#1.导入需要的包
import pandas as pd
from sklearn import linear_model
import matplotlib.pyplot as plt
#2.通过 pd.read_excel 获取数据，并分别存入变量值 X_parm，Y_parm
def get_data():
    data = pd.read_excel("data.xlsx")
    X_parm = []
    Y_parm = []
    for x ,y in zip(data['years'],data['income']):
        #存储在相应的 list 列表中
        X_parm.append([float(x)])
        Y_parm.append(float(y))
    return X_parm,Y_parm
#3.构建线性回归并计算
def linear_model_main(X_ parm,Y_ parm,predict_value):
    # Create linear regression object
    regr = linear_model.LinearRegression()
    #train model
    regr.fit(X_parm,Y_parm)
    predict_outcome = regr.predict(predict_value)
    pred= {}
    pred['intercept'] = regr.intercept_
```

```
        pred['coefficient'] = regr.coef_
        pred['predicted_value'] = predict_outcome
        R_Square=regr.score(X_parm,Y_parm)
        return pred, R_Square
#4.绘出拟合图像
def show_linear(X_parm,Y_parm):
        # 此处需要加载中文字体模块
        regr = linear_model.LinearRegression()
        # train model
        regr.fit(X_parm, Y_parm)
        predict_outcome = regr.predict(X_parm)
        plt.scatter(X_parm, Y_parm, color='black')
        plt.plot(X_parm, predict_outcome, color='red', linewidth=3)
        plt.xticks((range(2,10,2)))
        plt.yticks((range(20,40,5)))
        plt.title("线性回归")
        plt.xlabel("年收入")
        plt.ylabel("工作年限")
        plt.show()
if __name__=="__main__":
        X,Y =get_data()
        pred_value = 7
        result,R_Square = linear_model_main(X,Y,pred_value)
        print ("y={:.3}*x+{}".format(result['coefficient'][0],result
        ['intercept']))
        print ("Predicted value:",result['predicted_value'])
        show_linear(X,Y)
        print("R_Square={ :.3 }".format(R_Square))
```

输出：

```
y=2.0*x+20.0
Predicted value: [34.]
R_Square=0.826
```

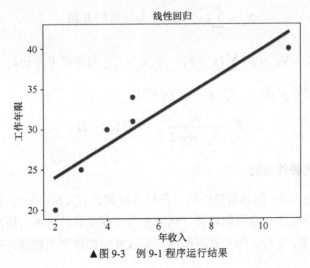

▲图 9-3　例 9-1 程序运行结果

通过上面的分析得到一元线性回归拟合图像，如图 9-3 所示。最终得到回归方程为 $y=2x+20$，同时绘制出了线性图形，回归系数为 2.0，常数项为 20.0。当 $x=7$ 时，预测得出 $y=34$。

9.2.3　检验、预测与控制

1. 平方和分解公式

对任意一组数据 $(x_1, y_1), \cdots, (x_n, y_n)$，恒有：

$$\sum_{i=1}^{n}(y_i - \overline{y})^2 = \sum_{i=1}^{n}(y_i - \hat{y}_i)^2 + \sum_{i=1}^{n}(\hat{y}_i - \overline{y})^2$$

证明：$\displaystyle\sum_{i=1}^{n}(y_i - \overline{y})^2 = \sum_{i=1}^{n}(y_i - \hat{y}_i)^2 + 2(x_i - \overline{x})(y_i - \overline{y}) + \sum_{i=1}^{n}(\hat{y}_i - \overline{y})^2$

而

$$\sum_{i=1}^{n}(y_i - \hat{y}_i)(\hat{y}_i - \overline{y}) = \sum_{i=1}^{n}[y_i - (\hat{\beta}_0 + \hat{\beta}_1 x)][\hat{\beta}_0 + \hat{\beta}_1 x - (\hat{\beta}_0 + \hat{\beta}_1 \overline{x})]$$

$$= \sum_{i=1}^{n}[(y_i - \overline{y}) - \hat{\beta}_1(x_i - \overline{x})] \cdot \beta_1(x_i - \overline{x})^2$$

$$= \hat{\beta}_1 \sum_{i=1}^{n}[(y_i - \overline{y})(x_i - \overline{x}) - \beta_1(x_i - \overline{x})^2] = 0$$

记作：

$$S_T = \sum_{i=1}^{n}(y_i - \overline{y})^2 \quad \text{为总离差平方和}$$

$$S_R = \sum_{i=1}^{n}(\hat{y}_i - \overline{y})^2 \quad \text{为回归平方和}$$

$$S_E = \sum_{i=1}^{n}(y_i - \hat{y})^2 \quad \text{为残差平方和}$$

其中，$S_R = \displaystyle\sum_{i=1}^{n}(\hat{y}_i - \overline{y})^2 = \beta_1^2 \sum(x_i - \overline{x})^2$　$x_1, x_2, \cdots, x_n$ 为偏差平方和。

定理 9.1：$S_R / \sigma^2 \sim \chi^2(1)$，$S_E / \sigma^2 \sim \chi^2(n-2)$

$$F = \frac{S_R}{S_E / n - 2} \quad \sim \quad F(1, n-2) \tag{9-7}$$

2. 回归模型的显著性检验

对回归方程 $Y = \beta_0 + \beta_1 x$ 的显著性检验，归结为对假设 $H_0 : \beta_1 = 0; H_1 : \beta_1 \neq 0$ 进行检验。

假设 $H_0 : \beta_1 = 0$ 被拒绝，则回归显著，认为 y 与 x 存在线性关系，所求的线性回归方程有意义；否则回归不显著，y 与 x 的关系不能用一元线性回归模型来描述，所得的回归方程也无意义。本书将介绍 3 种常见的检验方法。

（1） F 检验法

当 H_0 成立时， $F = \dfrac{U}{Q_e /(n-2)} \sim F(1, n-2)$。

其中， $U = \sum\limits_{i=1}^{n} (\hat{y}_i - \overline{y})^2$ （回归平方和）。

故 $F > F_{1-\alpha}(1, n-2)$ ，拒绝 H_0 ，否则就接受 H_0。

（2） t 检验法

当 H_0 成立时， $T = \dfrac{\sqrt{L_{xx}}\,\hat{\beta}_1}{\hat{\sigma}_e} \sim t(n-2)$。

故 $|T| > t_{1-\frac{\alpha}{2}}(n-2)$ ，拒绝 H_0 ，否则就接受 H_0。

其中， $L_{xx} = \sum\limits_{i=1}^{n}(x_i - \overline{x})^2 = \sum\limits_{i=1}^{n} x_i^2 - n\overline{x}^2$。

（3） r 检验法

记 $H_0 : \rho = 0$ ， $H_0 : \rho = 0$。

检验统计量 $r = \dfrac{\sum (x_i - \overline{x})(y_i - \overline{y})}{\sqrt{\sum (x_i - \overline{x})^2 (y_i - \overline{y})^2}} = \dfrac{L_{xy}}{\sqrt{L_{xx} L_{yy}}}$。

拒绝域 $W = \{|r| > r_{1-\alpha}(n-2)\}$ ，其中 $r_{1-\alpha} = \sqrt{\dfrac{1}{1 + (n-2)\big/ F_{1-\alpha}(1, n-2)}}$。

r 检验法通常称为相关系数的检验法，当 $|r| > r_{1-\alpha}(n-2)$ 时，有 $(1-\alpha)\%$ 的把握认为 x 与 y 之间具有线性关系。有时在判定一个线性回归之间的拟合优度的好坏时， R^2 系数通常是一个重要的判定系数。

3. 预测和控制

所谓预测问题是指已知预测因子 $x = x_0$ ，求预测对象 $y_0 = \beta_0 + \beta_1 x + \varepsilon$ 的点估计和区间估计问题。

（1）点预测： $\hat{y} = \hat{\beta}_0 + \hat{\beta}_1 x$。

（2）区间预测。当 $\varepsilon_1, \cdots, \varepsilon_n$ 相互独立，且都服从 $N(0, \sigma^2)$ 时：

$$T = \frac{y_0 - \hat{y}_0}{s\sqrt{1 + \dfrac{1}{n} + \dfrac{(x_0 - \overline{x})^2}{L_{xx}}}} \sim t(n-2) \ \text{其中} \ s = \sqrt{\frac{S_E}{n-2}}$$

由此得 y_0 的置信区间为：

$$\left[\hat{y}_0 - t_{1-\frac{\alpha}{2}}\, s\sqrt{1 + \frac{1}{n} + \frac{(x_0 - \overline{x})}{L_{xx}}} \ , \ \ \hat{y}_0 + t_{1-\frac{\alpha}{2}}\, s\sqrt{1 + \frac{1}{n} + \frac{(x_0 - \overline{x})}{L_{xx}}} \ \right] \tag{9-8}$$

当 n 较大，x_0 接近 $\overline{x}$ 时，可用 $u_{1-\frac{\alpha}{2}}$ 代替 $t_{1-\frac{\alpha}{2}}$，得：

$$[\hat{y}_0 - u_{1-\frac{\alpha}{2}}\, s, \quad \hat{y}_0 + u_{1-\frac{\alpha}{2}}s]$$

4. 计算推导案例

设给定一组数据 $(x_1, y_1), \cdots, (x_n, y_n)$，按以下公式计算回归模型。

（1）先计算：

$$\overline{x} = \frac{1}{n}\sum_{i=1}^{n} x_i \qquad \overline{y} = \frac{1}{n}\sum_{i=1}^{n} y_i$$

$$L_{xx} = \sum_{i=1}^{n}(x_i - \overline{x})^2 = \sum_{i=1}^{n} x_i^2 - n\overline{x}^2$$

$$L_{yy} = \sum_{i=1}^{n}(y_i - \overline{y})^2 = \sum_{i=1}^{n} y_i^2 - n\overline{y}^2$$

（2）再计算：

$$L_{xy} = \sum_{i=1}^{n}(x_i - \overline{x})(y_i - \overline{y}) = \sum_{i=1}^{n} x_i y_i - n\overline{x}\,\overline{y}$$

$$\hat{\beta}_1 = \frac{L_{xy}}{L_{xx}} \qquad \hat{\beta}_0 = \overline{y} - \hat{\beta}_1\,\overline{x}$$

$$S_E = L_{yy} - S_R \qquad S_E = L_{yy} - S_R \qquad S_R = \beta_1^2 L_{xx}$$

$$F = \frac{S_R}{S_E/n-2} \qquad s = \sqrt{\frac{S_E}{n-2}} \qquad r = \frac{L_{xy}}{\sqrt{L_{xx}L_{yy}}}$$

在表 9-2 数据集下：

❑　求 y 关于 x 的线性回归方程；

❑　对方程的显著性进行检验；

❑　预测当科研经费为 6（十万元）时，年利润将在什么范围内？

【例 9-2.1】计算回归模型中参数

输入：

```
import pandas as pd
data = pd.read_excel("data.xlsx")  #here ,use pandas to read cvs file.
data.columns=["X","Y"]  #修改列名
data["X_Square"],data["Y_Square"]=data['X']**2,data['Y']**2
data["XY"]=data['X']*data['Y']
data["pred_Y"]=2*data['X']+20
data.loc['Row_sum'] =data.apply(lambda x: x.sum())
print(data[["X","Y","XY","X_Square","Y_Square","pred_Y"]])
```

输出：

```
         X    Y  X_Square  Y_Square    XY  pred_Y
0        2   20         4       400    40      24
1        3   25         9       625    75      26
2        4   30        16       900   120      28
3        5   34        25      1156   170      30
4        5   31        25       961   155      30
5       11   40       121      1600   440      42
Row_sum 30  180       200      5642  1000     180
```

接下来计算对应参数值。

【例9-2.2】计算回归模型中参数

输入：

```
data = pd.read_excel("data.xlsx")
data.columns=["X","Y"]
data["XY"]=data['X']*data['Y']
print("mean=\n{}".format(data.iloc[0:6][["X","Y","XY"]].mean()))
print("Lxy={}".format(sum((data["X"]-5)*(data["Y"]-30))))
print("Lxx={}".format(sum((data["X"]-5)**2)))
print("Lyy={}".format(sum((data["Y"]-30)**2)))
```

输出：

```
X       5.000000
Y      30.000000
XY    166.666667
dtype: float64
Lxy=3850
Lxx=675
Lyy=22742
```

注：在执行例9-2.2代码过程中，要重新执行程序，不要在例9-2.1基础之上执行。

参考9.2.3节中第一部分的公式，结合例9-2.2，得到数据如下：

$$\sum x_i = 30 \qquad n=6 \qquad \sum y_i = 180$$

$$\overline{x}=5 \qquad \overline{xy}=166.67 \qquad \overline{y}=30$$

$$\sum x_i^2 = 200 \qquad \sum x_i y_i = 1000 \qquad \sum y_i^2 = 5642$$

$$n\overline{x}^2 = 150 \qquad n\overline{x}\,\overline{y} = 1000 \qquad n\overline{y}^2 = 5400$$

$$L_{xx}=50 \qquad L_{xy}=100 \qquad L_{yy}=242$$

（1）对于主要参数变量，经过计算得到系数如下所示：

$$\hat{\beta}_1 = L_{xy}/L_{xx}=2 \qquad \hat{\beta}_0 = \overline{y}-\overline{x}\hat{\beta}_1 = 20 \qquad r=0.9091$$

即得到回归方程为 $\hat{y} = 20 + 2x$ 。

依托前面的公式，求解得到了回归方程，其实上面的 $r=0.9091$ 已经可以说明模型的有效性了，但在统计分析中，还有以下模型显著性检验。

（2）显著性检验过程，首先假设 $H_0 : \hat{\beta}_1 = 0$ 。

$$S_R = \beta_1^2 L_{xx} = 200 \qquad S_E = L_{yy} - S_R = 42$$

$$F = \frac{S_R}{S_E / n - 2} = 19.05$$

取 $\alpha = 0.05$ ，查表得 $F_{0.95}(1,4) = 7.71$ ，因为 $F > F_{0.95}(1,4) = 7.71$ ，故否定 H_0 ，即认为回归方程显著。

因为 $r = 0.9091 > r_{0.95}(4) = 0.811$ ，故认为 x 和 y 具有线性关系。

（3）由 $\hat{y} = 20 + 2x$ ，当 $x_0 = 6$ 时，$\hat{y} = 20 + 2 \times 6 = 32$ 。

$$\alpha = 0.05 ， \quad t_{0.05}(4) = 2.776$$

$$s = \sqrt{\frac{S_E}{n-2}} = 3.24 \qquad t_{1-\frac{\alpha}{2}} \, s \sqrt{1 + \frac{1}{n} + \frac{(x_0 - \overline{x})}{L_{xx}}} = 9.71$$

所以年利润的 95%的置信区间为[32−9.71，32+9.71]=[22.29，41.71]。

第 10 章　从 K-Means 聚类看算法调参

什么是聚类算法?

聚类是一个将数据集划分为若干个子集的过程,并使得同一集合内的数据对象具有较高的相似度,而不同集合中的数据对象则是不相似的。相似或不相似的度量是基于数据对象描述属性的取值来确定的,通常就是利用各个聚类间的距离来进行描述的。聚类分析的基本指导思想是最大限度地实现类中对象相似度最大,类间对象相似度最小。

简单理解,如果一个数据集合包含 n 个实例,根据某种准则可以将这 n 个实例划分为 m 个类别,每个类别中的实例都是相关的,而不同类别之间是区别的,也就是不相关的,这个过程就叫聚类了。

10.1 K-Means 基本概述

10.1.1 K-Means 简介

K-Means 聚类算法是由 Steinhaus(1955 年)、Lloyd(1957 年)、Ball & Hall(1965 年)、Mc Queen(1967 年)分别在各自不同的科学研究领域独立提出的。K-Means 聚类算法被提出后,在不同的学科领域被广泛研究和应用,并发展出大量不同的改进算法。虽然 K-means 聚类算法被提出已经超过 50 年了,但目前仍然是应用最广泛的划分聚类算法之一。容易实施、简单、高效、成功的应用案例和经验,是其仍然流行的主要原因。

小贴士:

聚类与分类不同,在分类模型中,存在样本数据,这些数据的类标号是已知的,分类的目的是从训练样本集中提取出分类的规则,用于对其他类标号未知的对象进行类标识。在聚类中,预先不知道目标数据的有关类的信息,需要以某种度量为标准将所有的数据对象划分到各个簇中。因此,聚类分析为无监督的学习。

10.1.2 目标函数

下面介绍经典 K-Means 聚类算法的目标函数。

对于给定的一个包含 n 个 d 维数据点的数据集 $X = \{x_1, x_2, \cdots, x_i, \cdots, x_n\}$，其中 $x_i \in \mathbf{R}^d$，以及要生成的数据子集的数目 K，K-Means 聚类将数据对象组织为 K 个划分，具体划分为 $C = \{c_k, i = 1, 2, \cdots, K\}$。每个划分代表一个类 c_k，每个类 c_k 有一个类别中心 μ_k。选取欧式距离作为相似性和距离判断的准则，计算该类各个点到聚类中心 μ_k 的距离平方和。

$$J(c_k) = \sum_{x_i \in c_k} \|x_i - \mu_k\|^2$$

聚类目标是使各类总的距离平方和 $J(C) = \sum_{k=1}^{K} J(c_k)$ 最小。

$$J(C) = \sum_{k=1}^{K} J(c_k) = \sum_{k=1}^{K} \sum_{x_i \in c_k} \|x_i - \mu_k\|^2 = \sum_{k=1}^{K} \sum_{i=1}^{n} d_{ki} \|x_i - \mu_k\|^2$$

其中：
$$d_{ki} = \begin{cases} 1, & \text{若} x_i \in c_k \\ 0, & \text{若} x_i \in c_k \end{cases}$$

显然，根据最小二乘法和拉格朗日定理，距离中心 μ_k 是选取类别 c_k 类下的各个数据点的平均值。

K-Means 聚类算法从一个初始的 K 类别划分开始，然后将各数据点指派到各个类别中，以减少总的距离平方和。由于 K-Means 聚类算法中总的距离平方和随着类别的个数 K 的增加而趋向于减小（当 $K=n$ 时，$J(C)=0$）。因此，总的距离平方和只能在某个确定的类别个数 K 下取得最小值。

10.1.3　算法流程

K-Means 算法的核心思想是把 n 个数据对象划分为 k 个聚类，使每个聚类中的数据点到该聚类中心的平方和最小。输入聚类个数 k，包含 n 个数据对象的数据集，输出 k 个聚类。算法的流程图如图 10-1 所示，算法处理过程如下。

（1）从 n 个数据对象中任意选取 k 个对象作为初始的聚类中心种子点。

（2）分别计算每个对象到各个聚类中心的距离，把对象分配到距离最近的聚类中心种子群。

（3）所有对象分配完成后，重新计算 k 个聚类的中心（将种子点移动到种子群中心）。

（4）重复上述步骤 2 至步骤 3 的过程，每次结果与前一次计算得到的个聚类中心比较，如果聚类中心发生变化，转步骤 2，否则转步骤 5。

（5）输出聚类结果。

对于此算法来说，优点是可以处理大数据集，算法是相对可伸缩的和高效率的，因为它的时间复杂度为 $O(tKmn)$，其中 t 为迭代次数，K

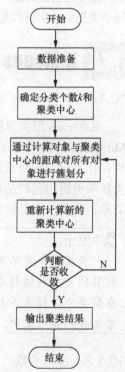

▲图 10-1　K-Means 流程图

为簇的数目，m 为每个元素的特征项数，n 为元素个数。且 $t \leq n$，$k \leq n$。

下面通过一组二维数据来简要说明聚类过程，二维数据如表 10-1 所示。

表 10-1						二维数据				
	x_1	x_2	x_3	x_4	x_5	x_6	x_7	x_8	x_9	x_{10}	x_{11}
x	1	2	3	4	9	10	10	11	15	16	16
y	2	2	5	3	14	13	15	16	6	5	8

表 10-1 的数据空间分布如图 10-2 所示。

输入 3 个聚类中心种子点，即 $k=3$，算法初始分别选定前 3 个数据作为初始聚类中心 $k_1 = x_1$，$k_2 = x_2$，$k_3 = x_3$，进行一次迭代后的聚类如图 10-3 所示。

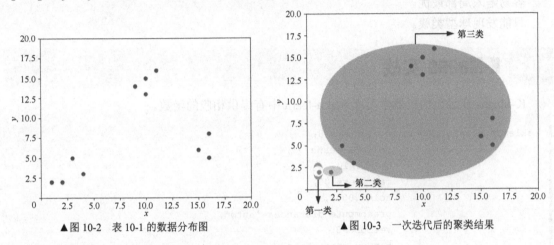

▲图 10-2 表 10-1 的数据分布图　　　　▲图 10-3 一次迭代后的聚类结果

经过反复迭代后，最后的最佳聚类结果如图 10-4 所示。

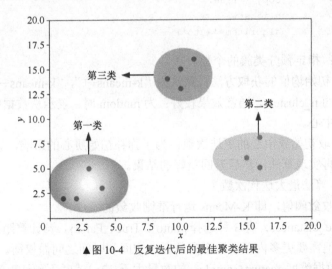

▲图 10-4 反复迭代后的最佳聚类结果

值得注意的是，算法不依赖于数据顺序。给定一个初始类分布，无论样本点的顺序如何，生成的数据分类都一样。

10.1.4　算法优缺点分析

任何一个算法都有它的适用的场景，K-Means 算法的优缺点简要概括如下。

❑　优点

算法简单易实现。

❑　缺点

需要用户事先指定类簇个数 K。

聚类结果对初始类簇中心的选取较为敏感。

容易陷入局部最优。

只能发现球型类簇。

10.2　K-Means 实战

K-Means 在经典的机器学习库 Scikit-learn 中有提供相应的函数。

```
sklearn.cluster.KMeans(n_clusters=8,
                       init='k-means++',
                       n_init=10,
                       max_iter=300,
                       tol=0.0001,
                       precompute_distances='auto',
                       verbose=0,
                       random_state=None,
                       copy_x=True,
                       n_jobs=1,
                       algorithm='auto')
```

❑　n_clusters：指定预分类簇的个数。

❑　init：指定初始均值的获取方法，默认为"k-means++"，"k-means++"，会由程序自动寻找合适的 n_clusters，通常效果较好；为 random 时，表示从数据中随机选择 k 个样本作为簇中心。

❑　n_init：获取初始簇中心的更迭次数，为了弥补初始质心的影响，算法默认会初始 10 次质心，再实现算法，然后返回最好的结果。

❑　max_iter：算法最大迭代次数。

❑　tol：算法收敛阈值，即 K-Means 运行准则收敛的条件。

❑　precompute_distances：有 3 种选择{'auto'、True、False}，预计算距离，使算法执行速度更快，但需要更多内存。这个参数会在空间和时间之间做权衡。

❑　auto：在数据维度 featurs*samples 的数量大于 12×10^6 时不预计算的距离。取 True，

预计算的距离；取 False，不预计算的距离。

- □ verbose：默认是 0，不输出日志信息，参数设定打印求解过程的程度，值越大，打印的细节越多。
- □ random_state：随机生成簇的状态条件，一般默认即可（随机种子）。
- □ copy_x：布尔值，标记是否修改数据，主要用于 precompute_distances= True 的情况。取 True：预计算距离时，并不修改原来的数据。取 False：预计算距离时，会修改原始数据用于节省内存，当算法完成时，会将原始数据返还。但是有可能因为浮点数的表示，在计算过程中由于有对数据均值的加减运算，所以数据返回后，原始数据和计算前可能会有细小差别。
- □ n_jobs：指定计算所用的进程数。
- □ algorithm：是 K-Means 的实现算法，有 auto、full 和 elkan 这 3 种状态。只要针对稀疏数据与稠密数据进行设置，通常设置 auto 即可。

🐝小贴士：

针对 init 参数，K-Means 算法经过不断迭代，最终实现收敛目的，但是其收敛过程复杂程度上依赖初始化的簇中心的选择，有时可能收敛到局部极小值。而 K-Means++选择策略就是针对算法的初始簇中心点选择上这一缺点而改进的方法。

（1）基本属性说明。

cluster_centers_：每个簇中心的坐标 array, [n_clusters, n_features]。

labels_：给出每个样本所属的簇的标记。

inertia_：给出每个样本到它们各自所在的簇中心的距离之和。

（2）基本方法说明。

fit(X[, y])：训练 K-Means 聚类。

predict(x)：预测样本所属于的簇。

fit_predict(X[, y])：训练模型并且预测每个样本对应的簇类别，相当于先调用 fit(X)再调用 predict(X)。

score(X[,y])：给出样本距离簇中心的偏移量的相反数。

【例 10-1】聚类案例，程序运行结果如图 10-5 所示

输入：

```
#!usr/bin/env python
#_*_ coding:utf-8 _*_
#导入所需要的模块
from sklearn.cluster import KMeans
import numpy as np
import matplotlib.pyplot as plt
#构建输入数据
X = np.array([[1, 2], [1, 4], [1, 0],
```

```
                    [4, 2], [4, 4], [4, 0]])
#执行 K-Means 算法
kmeans = KMeans(n_clusters=2, random_state=0).fit(X)
#绘制数据分布图
plt.scatter(X[:,0:1],X[:,1:2])
plt.show()
```

输出：

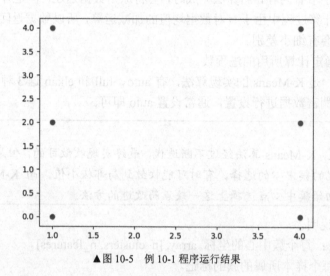

▲图 10-5　例 10-1 程序运行结果

输入：

```
#输出结果
print("所属类别标记结果={}".format(kmeans.labels_))
print("预测[[0, 0], [4, 4]]所述类别={}".format(kmeans.predict([[0, 0], [4, 4]])))
print("簇中心点坐标={}".format(kmeans.cluster_centers_))
```

输出：

```
所属类别标记结果=[0 0 0 1 1 1]
预测[[0, 0], [4, 4]]所述类别=[0 1]
簇中心点坐标=
[[1. 2.]
 [4. 2.]]
```

通过例 10-1 的代码运行结果，总结分析如图 10-6 所示。

针对原有的输入数据，通过 K-Means 算法，设置 K=2 即分割两个类别第一类（Cluster1）与第二类（Cluster2），在 kmeans.labels_ 下分别标记为 0 和 1，针对预测数据[[0, 0],[4, 4]]分别划分为 Cluster 1 与 Cluster 2，同时得到两个类别的簇中心点分别为[1,2]与[4,2]。通过上面的例子，相信你对 K-Means 算法已经有了初步的了解，接下来我们来看看不同聚类中心得到的结果有什么不同。

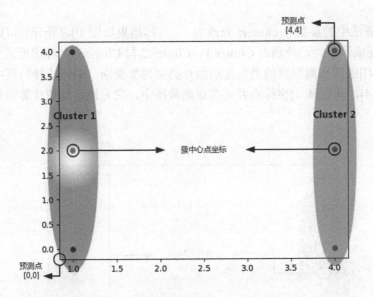

▲图 10-6 例 10-1 分析图

【例 10-2】在例 10-1 基础之上修改聚类 K

输入：

```
from sklearn.cluster import KMeans
import numpy as np
import matplotlib.pyplot as plt
#构建输入数据
X = np.array([[1, 2], [1, 4], [1, 0],
              [4, 2], [4, 4], [4, 0]])
#执行 K-Means 算法
kmeans = KMeans(n_clusters=3, random_state=0).fit(X)
#绘制数据分布图
# plt.scatter(X[:,0:1],X[:,1:2])
# plt.show()
#输出结果
print("所属类别标记结果={}".format(kmeans.labels_))
print("预测[[0, 0], [4, 4]]所述类别={}".format(kmeans.predict([[0, 0], [4, 4]])))
print("簇中心点坐标=\n{}".format(kmeans.cluster_centers_))
```

输出：

```
所属类别标记结果=[0 0 0 1 2 1]
预测[[0, 0], [4, 4]]所述类别=[0 2]
簇中心点坐标=
```

```
[[1. 2.]
 [4. 1.]
 [4. 4.]]
```

将 K-Means 算法中的参数 n_clusters 修改为 3，具体结果如图 10-7 所示，可以看出结果中将原有输入数据变成了 3 类，分别为 Cluster 1、Cluster 2 与 Cluster 3。标记形式分别为[0,1,2]，对数据[[0, 0], [4, 4]]进行预测得到的类别分别为 0 类别与 2 类别。最终选择的簇中心点坐标为[1, 2]、[4, 1]、[4, 4]，其中[4, 1]坐标点并未在原始数据中，它是通过均值计算得到的。

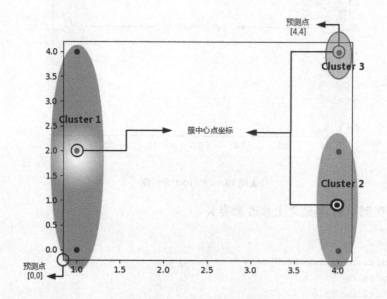

▲图 10-7　例 10-2 分析图（聚类簇中心为 3）

【例 10-3】不同聚类中心的聚类结果，程序运行结果如图 10-8 所示

输入：

```
import numpy as np
import matplotlib.pyplot as plt
from sklearn.cluster import KMeans
from sklearn import metrics
from sklearn.datasets.samples_generator import make_blobs
plt.figure()
X, y = make_blobs(n_samples=1000, n_features=2, centers=[[-1,-1], [0,0], [1,1], [2,2]
], cluster_std=[0.4, 0.2, 0.2, 0.2], random_state =9) #生成测试数据
for index,k in enumerate((2,3,4,5)):
    plt.subplot(2,2,index+1)
    y_pred = KMeans(n_clusters=k, random_state=9).fit_predict(X) #预测值
    score=metrics.calinski_harabaz_score(X, y_pred)
    plt.scatter(X[:, 0], X[:, 1], c=y_pred,s=10,edgecolor='k')
```

```
plt.text(.99, .01, ('k=%d, score: %.2f' % (k,score)), #文本注释，标注关键信息
        transform=plt.gca().transAxes, size=10,horizontalalignment='right')
plt.show()
```

输出：

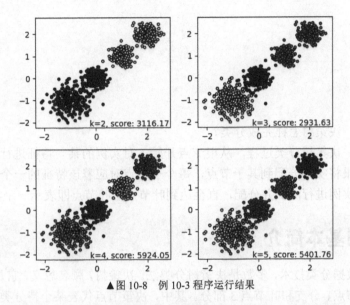

▲图 10-8　例 10-3 程序运行结果

　　通过结果可以看出，不同的 k 值产生的聚类结果不尽相同，因此在执行 K-Means 算法过程中要尤为注意 k 值的选取。本章以 K-Means 算法为例，对 k 的参数选取进行探讨。聚类算法有很多种，比如基于密度的聚类方法、层次聚类等在聚类效果上都非常优秀。其实在众多的人工智能应用场景下，机器学习、深度学习都有着其非常重要的参数调节过程，在日后的操作中要尤为注意。

第 11 章　从决策树看算法升级

决策树怎样完成分类？

决策树分类过程，从根节点开始，对实例的某一特征进行测试，根据测试结果将实例分配到其子节点，每个子节点对应着该特征的一个取值。如此递归对实例进行测试并分配，直至达到叶节点，叶节点即表示一个类。

11.1　决策树基本简介

通常用到的数据分类技术，多数是决策树分类法。决策树，顾名思义，它是一种树形结构。决策树包含决策节点、分支和叶节点 3 部分。其中，决策节点代表某个待分类数据集合的某个属性，例如图 11-1 的"是否有房"和"是否有车"属性，在该属性上的不同测试结果对应一个分支；每个叶节点表示一种可能的分类结果，例如图 11-1 中的"可以"代表可以给贷款人进行贷款，而"不可以"则表示不能给贷款人进行贷款。

决策树[1]是以实例为基础的归纳学习算法，本身没有太多高深的数学方法，决策树算法其实在不断改进中成长。

Hunt、Marin 和 Stone 于 1966 年提出了概念学习系统 CLS[2]，它是早期的决策树学习算法。CLS 算法的主要思想是从一个空的决策树出发，通过添加新的判定节点来改善原来的决策树，直至该决策树能够正确地将训练实例分类为止。后来的许多决策树学习算法都可以作为 CLS 算法的改进与更新。

Hunt 等人提出的 CLS 算法，并未给出有效的测试属性的选取标准，所以 CLS 有很大的改进空间。在决策树学习的各种算法当中，最具影响的是 Quinlan 于 1986 年提出的以信息熵的下降速度为选取测试属性标准的 ID3[3]算法，信息熵的下降也就是信息的不确定下降。

在 ID3 算法的基础之上，Quinlan 于 1993 年开发了著名的 C4.5 系统，并得到广泛应用，

---

① 决策树：Decision Trees
② CLS：Concenpt Learning System
③ ID3：Iterative Dichotomiser 3

C4.5[①]的新功能是它能够将决策树转换为等价的规则表示，并且 C4.5 解决了连续取值的数据学习问题。可以说 C4.5 算法继承了 ID3 算法的优点，并在此基础之上进行了改进。

CART 算法是 Breiman 于 1984 年提出的决策树构建算法，采用二元切分法，每次把数据切成两份，分别进入左子树、右子树，并且每个非叶节点都有两个孩子，这样建立起来的树就是二叉树。随着计算机技术的发展，人工智能算法需求的增强，树结构算法不断完善，先后不断有学者提出适合更多应用场景的基于树的分类算法，如 Adaboost、GBDT、XGBoost、LightGBM。以上算法在 Python 3.x 中均有模块可以直接调用，相比于 ID3，C4.5 在当今的人工智能场景下更加引人关注，相信随着时间的

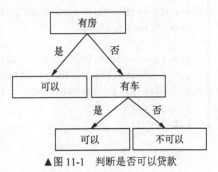

▲图 11-1　判断是否可以贷款

推移，会有更多优秀的算法被开发者分享出来。本书将从决策树的方向入手，阐述相应算法与原理，不会涉及过于复杂的算法原理，有兴趣的读者可自行查阅学习。

11.2 经典算法介绍

11.2.1 信息熵

信息熵（informa entropy），指的是一组数据所包含的信息量，使用概率来度量。数据包含的信息越有序，所包含的信息越低。数据包含的信息越杂，包含的信息越高。例如在极端情况下，如果数据中的信息都是 0，或者都是 1，那么熵值为 0，因为你从这些数据中得不到任何信息，或者说这组数据给出的信息是确定的。如果数据是均匀分布，那么它的熵最大，因为你根据数据不能知晓发生哪种情况的可能性比较大。

计算公式如下。

假定样本集合 D 中第 k 类样本所占的比例为 $p_k\left(k=1,2\cdots,|y|\right)$，则 D 的信息熵定义为：

$$Ent(D)=-\sum_{k=1}^{|y|}p_k\log_2 p_k \tag{11-1}$$

其中，$Ent(D)$（$0\leqslant Ent(D)\leqslant \log_2|y|$）越小，其 D 的信息越有序，纯度越高，值越大，则其信息越混乱。

对于式（11-1）中的 D 取值是一个随机变量取值集合，设其是一个离散的随机变量，对于最简单的 0-1 分布，有 $p(D=1)=p$，则 $p(D=0)=1-p$，此时熵为 $-p\log_2 p-(1-p)\log_2(1-p)$，当 $p=1$ 或 $p=0$ 时，熵最小，取值为 0，此时的随机变量不确定性最小，信息越有序，纯度高。当 $p=0.5$ 时，熵最大，此时随机变量的不确定性最大，信息混乱，纯度低，其熵函数图如图 11-2 所示。

【例 11-1】生成二项分布信息熵，程序运行结果如图 11-2 所示

---

① C4.5：Classification and Regression Trees

输入：

```
import math
import matplotlib.pyplot as plt
import numpy as np

x = np.arange(0.000001,1,0.005)
y = [-a*math.log(a, 2)-(1-a)*math.log(1-a, 2) for a in x]
plt.plot(x, y, linewidth=2, color="#9F35FF")
plt.grid(True)
plt.show()
```

输出：

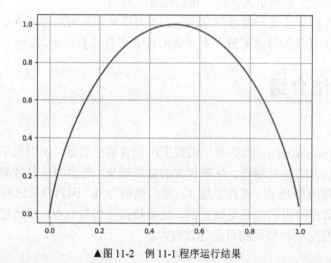

▲图 11-2　例 11-1 程序运行结果

11.2.2　信息增益

假定离散属性 a 有 V 个可能的取值 $\{a^1, a^2, \cdots, a^v\}$，若使用 a 来对样本集 D 进行划分，则会产生 V 个节点分支节点，其中第 v 个节点分支节点包含了 D 中所有在属性 a 上取值为 a^v 的样本，即为 D^v。根据式（11-1）计算出 D^v 的信息熵，在考虑到不同的节点分支节点所包含的样本数不同，给节点分支节点赋予权重 $\dfrac{D^v}{|D|}$，即对样本数越多的节点分支节点的影响越大，于是可计算出用属性 a 对样本集 D 进行划分所获得的"信息增益"（information gain）。

$$Gain(D,a) = Ent(D) - \sum_{v=1}^{V} \frac{D^v}{|D|} Ent(D^v) \tag{11-2}$$

一般而言，信息增益越大，则意味着使用属性 a 来进行划分所获得的"纯度提升"越大，因此，我们可用信息增益来进行决策树的划分属性选择，最优划分属性准则为 $a_* = \max_{a \in A} Gain$

(D, a)，著名的 ID3 决策树学习算法就是以信息增益为准则来选择划分属性。

假设现在统计了 17 天的气象数据，见表 11-1，分别包含 Outlook、Temperature、Humidity、Windy 这 4 个维度属性，我们希望通过 4 个维度属性来判断是否适合出去郊游。那么在 play 集合中，样本共有两类，即 $|y|=2$，分别计算出在正例与反例的概率为 p_1=8/17、p_2=9/17。

表 11-1 气象数据

序 号	Outlook	Temperature	Humidity	Windy	Play
1	Sunny	Cool	Normal	Not	yes
2	Sunny	Mild	Normal	Meidium	yes
3	Sunny	Mild	Normal	Not	yes
4	Sunny	Cool	Normal	Meidium	yes
5	Sunny	Hot	Normal	Not	yes
6	Sunny	Cool	High	Not	yes
7	Overcast	Mild	High	Not	yes
8	Sunny	Mild	Normal	Not	yes
9	Overcast	Mild	Normal	Meidium	no
10	Sunny	Cool	High	Very	no
11	Rain	Hot	Normal	Very	no
12	Rain	Hot	High	Not	no
13	Overcast	Cool	Normal	Not	no
14	Overcast	Hot	Normal	Meidium	no
15	Sunny	Mild	High	Not	no
16	Rain	Hot	Normal	Not	no
17	Overcast	Cool	Normal	Meidium	no

参照式（11-1），根据初始时刻属于 yes 和 no 类的实例比例，计算初始时刻的根节点信息熵值为：

$$Ent(D) = -\sum_{k=1}^{|y|} p_k \log_2 p_k = -\left(\frac{8}{17} \log_2 \frac{8}{17} + \frac{9}{17} \log_2 \frac{9}{17} \right) \approx 0.998$$

接下来需要分别计算 4 个维度条件熵，通过式（11-2）来计算信息增益。4 个维度计算方法相同，选取 Temperature 维度进行计算，得到表 11-2。

表 11-2 条件熵（Temperature）

可能属性取值	Cool	Mild	Hot
属性子集序号	{1, 4, 6, 10, 13, 17}	{2, 3, 7, 8, 9, 15}	{5, 11, 12, 14, 16}
属性占比	6/17	6/17	5/17
正例概率	p_1=3/6	p_1=4/6	p_1=1/5
反例概率	p_2=3/6	p_2=2/6	p_2=4/5
信息熵（依据式（11-1）计算）	1.000	0.918	0.722
Temperature 信息增益（依据式（11-2）计算）	$Gain(D, Temperature) = 0.998 - \left(\frac{6}{17} \times 1 + \frac{6}{17} \times 0.918 + \frac{5}{17} \times 0.722 \right) = 0.109$		

按照表 11-2 进行统计计算，可得到其他维度条件熵 Gain(D, Outlook)=0.381,Gain(D, Humidity)=0.006,Gain(D, Windy)=0.141。可以看出 Gain(D, Outlook)最大，即有关 Outlook 的信息对于分类有很大的帮助，提供最大的信息量，所以应该选择 Outlook 属性作为测试属性。选择 Outlook 作为测试属性之后，生成 3 个分支节点，对每个分支节点再次逐步进行划分，根节点划分后，统计计算划分后的特征属性维度，同样在新样本案例下计算，那么在 Temperature、Humidity、Windy 这 3 个属性中找到 max(Gain(D, a))，进而从该属性进行切割。类似的对每个分支节点进行如上计算与划分，最终构建完成决策树。下面我们来了解一下信息增益率。

11.2.3　信息增益率

在 ID3 中，信息增益作为标准，容易偏向于取值较多的特征问题。信息增益的一个大问题就是偏向选择分支多的属性导致 overfitting。比如，如果将序号作为一个属性，那么它的每次取值特征都是不同的，如果计算它的信息增益，那么结果为 0.998，其如果按照信息增益划分切割的话，将产生 17 个分支，每个分支有且仅有一个样本，那么这些分支节点的纯度已经达到最大。如果出现这个现象，将无法对新样本进行有效预测，即决策树并不具有泛化能力。那么我们能想到的解决办法自然就是对分支过多的情况进行惩罚（penalty）了，于是就有了信息增益比，或者说信息增益率（gain ratio），其定义为：

$$Gain\_ratio(D,a) = \frac{Gain(D,a)}{IV(a)} \tag{11-3}$$

其中，$IV(a) = -\sum_{v=1}^{V} \frac{|D^v|}{|D|} \log_2 \frac{|D^v|}{|D|}$。

$IV(a)$ 称为属性 a 的"固定值"（intrinsic value），属性 a 的可能取值数目越多，那么 V 的可能取值越多，则 $IV(a)$ 的值通常会越大。例如对表 11-1 中数据进行统计计算 IV(Humidity)：

$$IV(Humidity) = -\left(\frac{5}{17} \times \log_2 \frac{5}{17} + \frac{12}{17} \times \log_2 \frac{12}{17} \right) \approx 0.874$$

下面我们写一个小程序来计算验证，同时方便后面的调用，见例 11-2。

【例 11-2】 计算 IV(Humidity)

输入：

```
import math
IV=(5/17)*math.log(5/17,2)+(12/17)*math.log(12/17,2)
print(-IV)
```

输出：

```
0.8739810481273578
```

依据例 11-2，同样计算 IV(Temperature)=1.580,IV(序号)=4.088，整理得到表 11-3，可以看出 V 的取值越大，$IV(a)$ 也越大。

表 11-3 $IV(a)$ 计算结果

IV 值	IV(Humidity)= 0.874	IV(Temperature)= 1.580	IV(序号)= 4.088
属性取值个数	2	3	17

11.2.4 基尼系数

我们知道，在 ID3 算法中我们使用了信息增益来选择特征，优先选择信息增益大的。在 C4.5 算法中，采用了信息增益比来选择特征，以减少信息增益容易选择特征值多的特征的问题。但是无论是 ID3 还是 C4.5，都是基于信息论的熵模型，这里面会涉及大量的对数运算。能不能简化模型同时也不至于完全丢失熵模型的优点呢？答案是有的！CART 分类树算法使用基尼系数来代替信息增益比，基尼系数代表了模型的不纯度，基尼系数越小，则不纯度越低，特征越好。这和信息增益（比）是相反的。

$$Gini(D) = \sum_{K=1}^{|y|}\sum_{k'\neq k} p_k p_{k'} = 1 - \sum_{k=1}^{|y|} p_k^2$$

直观来说，$Gini(D)$ 反映了数据集 D 中随机抽取两个样本类别标记不一致的概率，因此，$Gini(D)$ 越小，则数据集 D 的纯度越高。

采用与式（11-2）相同的符号表示，属性 a 的 Gini 系数定义为：

$$Gini\_index(D, a) = \sum_{v=1}^{V} \frac{|D^v|}{|D|} Gini(D^v)$$

于是，我们在候选属性集合 A 中，选择划分后的基尼系数最小的属性作为最优的划分属性，即 $a_* = \max_{a \in A} Gini\_index(D, a)$。以 Humidity 维度为例，其存在两种选择，具体演示计算过程如表 11-4 所示。

表 11-4   Humidity 维度属性统计

Play	Normal 属性	High 属性
yes	6	2
no	7	2

$$Gini(Normal) = 1 - \left(\frac{6}{13}\right)^2 - \left(\frac{7}{13}\right)^2 = 0.497 \quad Gini(High) = 1 - \left(\frac{2}{4}\right)^2 - \left(\frac{2}{4}\right)^2 = 0.5$$

$$Gini\_index(D, \text{Humidity}) = \frac{4}{17} \times 0.5 + \frac{13}{17} \times 0.497 = 0.497705$$

对于维度，其存在 3 种选择，只需分别计算求和即可，具体本书不再演示，有兴趣的读者可以自行计算。

11.2.5 小结

建立决策树的关键，即在当前状态下选择哪个属性作为分类的依据。根据不同的目标函数，建立决策树。ID3 算法的核心是信息增益，C4.5 是 ID3 算法的改进，其核心是信息增益率，CART 算法核心则是在 C.4.5 基础上改进的基尼系数，以上介绍的内容是经典决策树模型的原理，下面我们详细探讨以下 3 种算法。

下面主要从 4 个方面来介绍。

（1）从目标因变量来说，差异主要体现在 ID3 和 C4.5 只能作分类，CART（分类回归树）不仅可以作分类（0/1）还可以作回归（0-1）。

（2）从节点划分形式来说，ID3 和 C4.5 节点上可以产出多叉（低、中、高），而 CART 节点上永远是二叉（低、非低）。

（3）从样本量考虑，小样本建议考虑 C4.5，大样本建议考虑 CART。C4.5 在处理过程中需对数据集进行多次排序，耗时较高，而 CART 本身是一种大样本的统计方法，小样本处理下泛化误差较大。

（4）从样本特征上的差异上来说，特征变量的使用中，多分类的分类变量 ID3 和 C4.5 层级之间只单次使用，CART 可多次重复使用。C4.5 是通过枝剪来修正树的准确性，而 CART 是直接利用全部数据发现所有树的结构进行对比。

更多对比，具体见表 11-5 的总结。

表 11-5　　　　　　　　　ID3、C4.5、CART 使用场景对比

算　法	支 持 模 型	树 结 构	特 征 选 择	连续值处理	缺失值处理	剪　枝
ID3	分类	多叉树	信息增益	不支持	不支持	不支持
C4.5	分类	多叉树	信息增益比	支持	支持	支持
CART	分类，回归	二叉树	基尼系数，均方差	支持	支持	支持

11.3　决策树实战

11.3.1　决策树回归

通过 Scikit-learn 模块构建决策树模型，通过 Scikit-learn 导入 tree 模块之后利用 tree 模块下的函数进行处理（DecisionTreeRegressor），其默认参数如下。

```
DecisionTreeRegressor(criterion="mse",
                      splitter="best",
                      max_depth=None,
                      min_samples_split=2,
                      min_samples_leaf=1,
                      min_weight_fraction_leaf=0.,
                      max_features=None,
                      random_state=None,
                      max_leaf_nodes=None,
                      min_impurity_decrease=0.,
                      min_impurity_split=None,
                      presort=False)
```

在众多的参数中，针对数据量与特征维度情况，选择不同的参数形式得到的决策树结果不同。在 DecisionTreeRegressor 下，这里值得一提的是构造决策树时选择属性的准则 criterion，其有 3 种选择："mse"、"friedman_mse" 和 "mae"，分别表示均方误差、改进的均方误差和平均绝对误差。默认是 "mse"，即均方误差。

【例 11-3】决策树的一维回归案例，程序运行结果如图 11-3 所示

输入：

```python
#!usr/bin/env python
#_*_ coding:utf-8 _*_

import numpy as np
from sklearn import tree
# Create a random dataset
rng = np.random.RandomState(1)
X = np.sort(5 * rng.rand(80, 1), axis=0)
y = np.sin(X).ravel()
y[::5] += 3 * (0.5 - rng.rand(16))

# Fit regression model
regr_1 = tree.DecisionTreeRegressor(max_depth=2)
regr_2 = tree.DecisionTreeRegressor(max_depth=5)
regr_1.fit(X, y)
regr_2.fit(X, y)

# Predict
X_test = np.arange(0.0, 5.0, 0.01)[:, np.newaxis]
y_1 = regr_1.predict(X_test)
y_2 = regr_2.predict(X_test)

# Plot the results
plt.figure()
plt.scatter(X, y, s=20, edgecolor="black",
            c="darkorange", label="data")
plt.plot(X_test, y_1, color="cornflowerblue",
         label="max_depth=2", linewidth=2)
plt.plot(X_test, y_2, color="yellowgreen", label="max_depth=5", linewidth=2)
plt.xlabel("data")
plt.ylabel("target")
plt.title("Decision Tree Regression")
plt.legend()
plt.show()
```

输出：

利用决策树去拟合存在噪声数据的正弦曲线，并进行观测。从结果来看，它学习的局部线性回归结果是逼近正弦曲线的。

可以看到，如果树的最大深度（由 maxdepth 参数控制）设置得太高，决策树就会学习到

训练数据的细节，并从噪声中学习，也就是说，它过度拟合了。

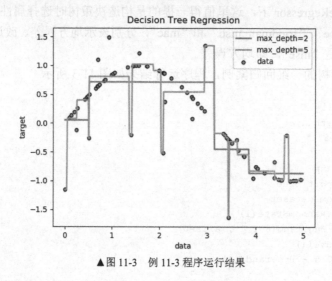

▲图 11-3 例 11-3 程序运行结果

11.3.2 决策树的分类

同样通过 Scikit-learn 模块构建决策树模型，通过 Scikit-learn 导入 tree 之后利用 tree 下的 DecisionTreeClassifier 函数进行处理，其默认参数如下。

```
DecisionTreeClassifier(criterion="gini",
                       splitter="best",
                       max_depth=None,
                       min_samples_split=2,
                       min_samples_leaf=1,
                       min_weight_fraction_leaf=0.,
                       max_features=None,
                       random_state=None,
                       max_leaf_nodes=None,
                       min_impurity_decrease=0.,
                       min_impurity_split=None,
                       class_weight=None,
                       presort=False)
```

同前面的章节中类似，在分类函数 DecisionTreeClassifier 下，其 criterion 代表特征选择标准，默认是"gini"，表示通过基尼系数进行切割，即 CART 算法，或者指定为"entropy"，即信息增益。

数据以鸢尾花的特征作为数据来源，数据集包含 150 个数据集，分为 3 类（setosa、versicolor 和 virginica），每类包含 50 个数据集，每个数据集含 4 个花朵属性（见图 11-4）：

花萼 花瓣

▲图 11-4 鸢尾花图

萼片长度、萼片宽度、花瓣长度和花瓣宽度。通过 load_iris()加载数据，可使用命令 dir(iris)查看 iris 所具有的属性，使用命令 iris.DESCR 查看数据集的简介。

【例 11-4】决策树的分类案例，程序运行结果如图 11-5 所示

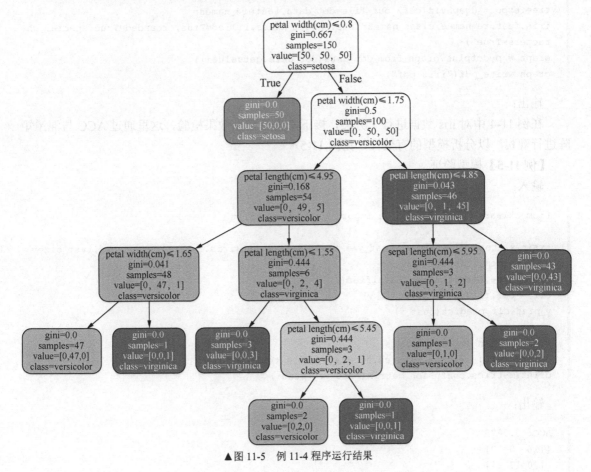

▲图 11-5 例 11-4 程序运行结果

输入：

```
#!usr/bin/env python
#_*_ coding:utf-8 _*_
from sklearn.datasets import load_iris
from sklearn import tree
#载入数据集
iris = load_iris()
#算法分类
clf = tree.DecisionTreeClassifier()
#模型训练
clf = clf.fit(iris.data, iris.target)
```

```
#生成决策树，并保存为iris.pdf
from sklearn.externals.six import StringIO
import pydotplus
dot_data = StringIO()
tree.export_graphviz(clf, out_file=dot_data,feature_names=
iris.feature_names,class_names=iris.target_names,filled=True, rounded=True,special_cha
racters=True )
graph = pydotplus.graph_from_dot_data(dot_data.getvalue())
graph.write_pdf("iris.pdf")
```

输出：

在例 11-4 中对 iris 数据进行了分类，接下来进行模型效果检验，这里通过 ACC 与混淆矩阵进行观察，以分析模型的有效性，见例 11-5。

【例 11-5】模型验证

输入：

```
from sklearn.model_selection import train_test_split

train_x, test_x, train_y, test_y = train_test_split(iris.data, iris.target,test_size=
0.3 ,random_state=0)
clf = tree.DecisionTreeClassifier()
clf = clf.fit(train_x, train_y)
y_pred=clf.predict(test_x)

from sklearn import metrics
print ('ACC: %.4f' % metrics.accuracy_score(test_y,y_pred))
print(metrics.confusion_matrix(test_y,y_pred))
```

输出：

```
ACC: 0.9778
[[16  0  0]
 [ 0 17  1]
 [ 0  0 11]]
```

通过例 11-5 可以得到模型 ACC 值为 0.9778，准确率比较高，同时观察输出的混淆矩阵。结果在预测的 44 组数据中，只有在对第三类别数据进行预测过程中出现了偏差 1，结果可以接受。通过模型进行预测的过程见例 11-6。

【例 11-6】例 11-4 模型预测

输入：

```
#预测类别
print(clf.predict(iris.data[:1, :]))
```

输出：

[0]

输入：

```
#预测每个类别的概率
print(clf.predict_proba(iris.data[:1, :]))
```

输出：

[[1. 0. 0.]]

在例 11-3 中使用的是 NumPy 生成的数据，在例 11-4 中我们通过 load_iris()加载鸢尾花数据。下面从本地读取一个 Excle 文件（可能带有噪声的数据集合），进行建立分类的决策树模型，Excle 文件内容见表 11-1，具体代码见例 11-7。

【例 11-7】读取表 11-1（Excle 文件）分类，程序运行结果如图 11-6 所示

输入：

```
import pandas as pd
from sklearn import tree
from sklearn.preprocessing import LabelEncoder
#1.选取特征，并进行预处理
data = pd.read_excel("dt.xlsx")
one_hot_feature = ['Outlook', 'Temperature', 'Humidity', 'Windy', 'Play']
#LabelEncoder 是对不连续的数字或文本编号
lbc = LabelEncoder()
for feature in one_hot_feature:
    data[feature] = lbc.fit_transform(data[feature])
X = data.iloc[:, 1:5].as_matrix()
Y = data['Play'].T.as_matrix()

#2. 模型训练
regr=tree.DecisionTreeClassifier()
clf = regr.fit(X, Y)

#3. 生成决策树结果图
from sklearn import tree
from sklearn.externals.six import StringIO
import pydotplus
dot_data = StringIO()
tree.export_graphviz(clf, out_file=dot_data,feature_names=['Outlook', 'Temperature', '
Humidity', 'Windy'],filled=True, rounded=True,special_characters=True )
graph = pydotplus.graph_from_dot_data(dot_data.getvalue())
graph.write_pdf("DT01.pdf")
```

输出：

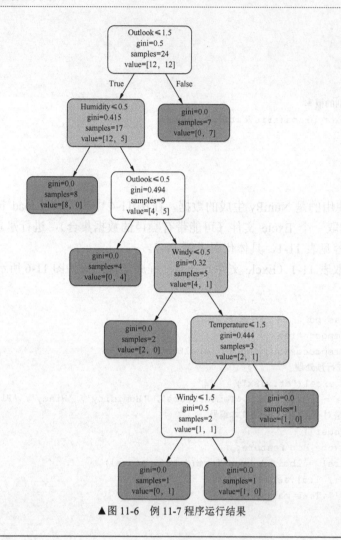

▲图 11-6　例 11-7 程序运行结果

🐞小贴士:

　　Graphviz 是由大名鼎鼎的贝尔实验室的几位 "牛人" 开发的一款画图工具，它的理念是 "所想即所得"，通过 dot 语言来编写脚本并绘制图形来实现，简单易懂。用户需要下载对应的 graphviz 安装程序，并且配置环境变量。

第12章 从朴素贝叶斯看算法多变

什么是朴素贝叶斯？

从字面上看，朴素贝叶斯可以理解为"朴素"+"贝叶斯"。"朴素"指的是特征条件独立，"贝叶斯"指贝叶斯定理。朴素贝叶斯分类是一种十分简单的分类算法，叫它朴素贝叶斯分类是因为这种方法的思想真的很朴素。

朴素贝叶斯的思想基础是对于给出的待分类项，求解在此项出现的条件下哪个类别出现的概率最大，就认为此待分类项属于哪个类别。

12.1 朴素贝叶斯简介

12.1.1 认识朴素贝叶斯

学习过概率论的人一定知道贝叶斯定理，贝叶斯定理在信息领域有着举足轻重的地位。贝叶斯算法是基于贝叶斯定理的一类算法，主要用来解决分类和回归问题。

在人工智能背景下，机器学习中使用最为广泛的两种分类模型就是决策树模型（Decision Tree Model）和朴素贝叶斯模型（Naive Bayesian Model）。决策树模型前面已经介绍过，这里介绍朴素贝叶斯，首先通过一个现实生活中的例子来理解其概念。

当看到天空乌云密布、电闪雷鸣伴随着阵阵狂风这样的天气特征时，我们会推断大概是要下雨了。

基于一些特定的条件或特征（天空乌云密布、电闪雷鸣，阵阵狂风），大多数人都会产生一个共同的推断反应（下雨）。这种推断形式正是朴素贝叶斯（Naive Bayesian）最核心的理念。

对于给出的待分类项，求解在此项出现的条件下哪个类别出现的概率最大，就认为此待分类项属于哪个类别。我们可以再举一个例子，你在校医院的门诊部看到一个学生有点发烧，此时在不做其他临床检测的情况下，判断该学生最有可能患了什么病？作为一名没有临床经验的人，你十有八九会猜是普通感冒。为什么呢？因为常识告诉我们，到校医院来看病的患者最常见的就是患了普通感冒。当然，患者也有可能是患了流感或其他发热性疾病，但在此时没有其他可用信息，我们会选择条件概率最大的类别，这就是朴素贝叶斯的思想基础，也是其核心。

因此本节将重点介绍朴素贝叶斯算法的基本原理和实际应用，接下来先来认识 3 种概率分布下的朴素贝叶斯。

下面介绍朴素贝叶斯分类模型。

朴素贝叶斯分类器是贝叶斯分类模型中最简单有效且在实际使用中很成功的分类器，其性能可以与神经网络、决策树相媲美。朴素贝叶斯分类算法是基于贝叶斯假设，在实际运用中降低了贝叶斯网络构建的复杂性，它已成功地应用到聚类分类等数据处理任务中。

朴素贝叶斯分类模型，设有变量集 $U = \{A_1, A_2, \cdots, A_n, C\}$，其中 $A_1, A_2, \cdots, A_n$ 是实例的属性变量，C 是取 m 个类的变量。假设所有的属性都条件独立于类变量，即每一个属性变量都以类变量作为唯一的父节点，就得到朴素贝叶斯分类模型。

朴素贝叶斯分类模型假定特征向量的各分量间相对于决策变量是相对独立的，也就是说，各个变量独立地作用于决策变量，尽管这一假定在一定程度上限制了朴素贝叶斯分类模型的适用范围，但在实际应用中，大大降低了贝叶斯网络构建的复杂性。

12.1.2　朴素贝叶斯分类的工作过程

（1）每个数据样本用一个 n 维特征向量 $X = \{x_1, x_2, \cdots, x_n\}$ 表示，分别描述对 n 个属性 $A_1, A_2, \cdots, A_n$ 样本的 n 个度量。

（2）假定有 m 个类 $C_1, C_2, \cdots, C_m$，给定一个未知的数据样本 X（即没有类标号），分类法将预测 X 属于具有最高后验概率（条件 X 下）的类。朴素贝叶斯分类将未知的样本分配给类 C_i，当且仅当 $P(C_i | X) > P(C_j | X)$ 其中 $1 \leq i, j \leq m, i \neq j$ 成立，这样得到最大化的 $P(C_i | X)$。$P(C_i | X)$ 最大的类称为最大后验假定，根据贝叶斯定理，$P(C_i | X)$ 推导如下：

$$P(C_i | X) = \frac{P(X | C_i) P(C_i)}{P(X)}$$

（3）由于 $P(X)$ 对于所有类为常数，只需要 $P(X | C_i) P(C_i)$ 最大即可。如果类的先验概率未知，则通常假设这些类是等概率的，即 $P(C_1) = P(C_2) = \cdots = P(C_m)$，并据此对 $P(C_i | X)$ 求最大值。类的先验概率可以采用下面公式计算：

$$P(C_i) = s_i / s$$

其中，s_i 是类 C_i 中的训练样本数，而 s 是训练样本总数。

（4）当给定的数据集具有许多属性时，计算 $P(X | C_i)$ 的开销可能非常大。为降低计算 $P(X | C_i)$ 的开销，可以做类条件独立的朴素假定。对于给定样本的类标号，假定属性值相互条件独立，即在属性间不存在依赖关系。这样 $P(X | C_i) = \prod_{k=1}^{m} p(x_k | C_i)$，对于概率 $P(x_1 | C_i)$，$P(x_2 | C_i), \cdots, P(x_n | C_i)$ 可以训练样本估计，其中值得注意的是：

1）如果 A_k 是离散属性，则 $P(x_k | C_i) = s_{ik} / s$，其中 s_{ik} 表示在属性 A_k，并且 A_k 具有值 x_k 的类 C_i 的训练样本数，而 s_i 是类 C_i 中的训练样本数；

2）如果 A_k 是连续值属性，则我们假定属性服从高斯分布，因而有：

$$P(x_k \mid C_i) = g(x_k, \mu_{c_i}, \sigma_{c_i}) = \frac{1}{\sigma_{c_i}\sqrt{2\pi}} e^{-\frac{(x_k - \mu_{c_i})^2}{2\sigma_{c_i}}}$$

其中，给定的类 C_i 的训练样本属性 A_k 的值，$g(x_k, \mu_{c_i}, \sigma_{c_i})$ 是属性 A_k 的高斯密度函数，而 μ_{c_i} 和 σ_{c_i} 分别为期望和标准差。

为了完成对样本 X 的分类，对每个类 C_i，计算 $P(X \mid C_i)P(C_i)$。样本 X 被指派到类 C_i，当且仅当 $P(X \mid C_i)P(C_i) > P(X \mid C_j)P(C_j)$，其中 $1 \leqslant i, j \leqslant m, i \neq j$。

换言之，X 被指派到 $P(X \mid C_j)P(C_j)$ 最大的类 C_j。

小贴士：

阅读本章之前，请先阅读 1.2.3 节有关概率论与数理统计的内容。

12.1.3　朴素贝叶斯算法的优缺点

朴素贝叶斯算法的优点如下。

- □　朴素贝叶斯算法基于贝叶斯理论，逻辑清晰明了，容易实现。
- □　本算法进行分类时，运行时间快，对内存的需求也相对不大。
- □　本算法可靠性高，即使数据包含孤立的噪声点、无关属性和有缺失值的属性，分类的性能不会有太大的变化。

朴素贝叶斯算法的缺点如下。

- □　朴素贝叶斯算法要求样本的各属性之间是独立的，而符合这个条件的真实数据较少。
- □　当数据样本较少时，分类器可能会无法正确分类。

12.2　3 种朴素贝叶斯实战

在学习朴素贝叶斯算法之前，应该复习本书 1.2.3 节，以温故知新。不懂数据分布特征，不算是一个合格的机器学习工程师。数据拿过来就往模型里面套用，完全不理解原理，可能这是众多"调包客"最开始都犯过的错误。

Scikit-learn 提供了 3 种朴素贝叶斯模型，下面具体来看一下。

1. 3 种朴素贝叶斯

在 Scikit-learn 下，BernoulliNB 实现了用于多重伯努利分布数据的朴素贝叶斯训练和分类算法，即有多个特征，但每个特征都假设是一个二元（Bernoulli, boolean）变量。因此，这类算法要求样本以二元值特征向量表示。如果样本含有其他类型的数据，一个 BernoulliNB 实例会将其二值化（取决于 binarize 参数）。

在文本分类的例子中，词频向量（word occurrence vectors）而非词数向量（word count vectors），可用于这个分类器。BernoulliNB 在不同的数据集上表现效果不同，比如说在处理文本分类过程中，虽然对那些短文本效果好，但并不绝对。如果时间允许，建议对多个模型都进行评估。BernoulliNB 案例见例 12-1。

【例 12-1】 BernoulliNB 实现

输入：

```
import numpy as np
X = np.random.randint(2, size=(6, 100))
print(X[0])
Y = np.array([1, 2, 3, 4, 4, 5])

from sklearn.naive_bayes import BernoulliNB
clf = BernoulliNB()
clf.fit(X, Y)
print(clf.predict(X[2:3]))
```

输出：

```
[0 0 0 1 0 0 0 0 1 1 0 1 1 1 0 1 0 1 0 1 0 0 1 0 1 1 0 1 0 1 0 1 0 0 1 1 1 1 1 0 0 0 1 1 1
 0 1 0 0 0 0 0 1 0 0 1 1 0 0 0 0 1 1 1 1 0 0 1 0 1 0 1 0 0 0 0 0 1 1 1 0 0 0 1 1 0 0 0 0 1
 1 1 0 1 1 0 1 1 0 1 1 1 0 1 0 1]
[3]
```

在 Scikit-learn 下，MultinomialNB 实现了服从多项分布数据的朴素贝叶斯算法，它也是用于文本分类经典算法之一。MultinomialNB 案例见例 12-2。

【例 12-2】 MultinomialNB 实现

输入：

```
import numpy as np
X = np.random.randint(5, size=(6, 100))
print(X[0])
y = np.array([1, 2, 3, 4, 5, 6])

from sklearn.naive_bayes import MultinomialNB
clf = MultinomialNB()
clf.fit(X, y)
print(clf.predict(X[2:3]))
```

输出：

```
[0 2 4 0 2 2 2 1 2 1 3 2 2 4 4 4 4 2 2 0 1 1 3 4 4 1 4 3 2 0 1 1 2 3 0 3 4 0 2 4
 1 3 3 4 1 3 1 1 1 3 1 0 1 1 1 3 1 1 1 3 3 0 1 2 1 0 2 3 4 4 4 3 4 0 3 4 0 4 1 2 4 2 0 1
 0 3 0 0 4 2 1 1 0 4 1 4 1 4 4 2]
[3]
```

在 Scikit-learn 下，GaussianNB 实现了高斯分布数据的朴素贝叶斯算法。数据以鸢尾花的特征作为数据来源（相关数据介绍见 11.2.2 节），通过 load_iris()加载数据，可通过命令 dir(iris)查看 iris 所具有的属性。实现案例见例 12-3。

【例 12-3】GaussianNB 实现

输入：

```
from sklearn import datasets
iris = datasets.load_iris()
X=iris.data
y=iris.target

from sklearn.naive_bayes import GaussianNB
gnb = GaussianNB()
gnb.fit(X, y)
y_pred = gnb.fit(X, y).predict(iris.data)

print("Number of mislabeled points out of a total %d points : %d"
      % (iris.data.shape[0],(iris.target != y_pred).sum()))
```

输出：

```
Number of mislabeled points out of a total 150 points : 6
```

在 Scikit-learn 下，朴素贝叶斯算法提供了大规模数据集的处理方法。处理大规模数据集的时候，其训练集不适合放在内存中，MultinomialNB、BernoulliNB 和 GaussianNB 实现了增量学习方法 partial_fit，可以动态地增加数据，它的使用方法与其他分类器的一样。所有的朴素贝叶斯分类器都支持样本权重。partial_fit 函数形式如下：

```
partial_fit(X, y, classes=None, sample_weight=None)
```

X 和 y 分别为增量训练的样本特征数据特征与标记数据。

classes 是一个数组，shape = [n_classes] (default=None)，是可能出现在 y 中的所有类的列表。

sample_weight 是一个数组，shape = [n_samples] (default=None)。给出每个样本的权重，如果未指定，则全为 1。

注：在第一次调用 pritial_fit 时，必须传入参数，后续调用不必传入该参数。

2. 模型对比

在机器学习的背景下，很多数据均是来源于生活的真实数据，其往往不能满足众多的样本特征独立。通过 12.1 节与 12.2 节我们了解：朴素贝叶斯中的“朴素”就是样本特征的独立，往往都需要假设其独立，以构建模型。下面通过一个葡萄酒数据来演示。

wine.data 数据集是描述在意大利同一地区生产的 3 种不同品种的酒，这些数据包括了 3 种酒中 13 种不同成分的数量。13 种成分分别为：Alcohol、Malicacid、Ash、Alcalinity of ash、

Magnesium、Total phenols、Flavanoids、Nonflavanoid phenols、Proanthocyanins、Color intensity、Hue、OD280/OD315 of diluted wines 和 Proline。在 wine.data 数据集中，每行代表一种酒的样本，共有 178 个样本，一共有 14 列。其中，第一列为类标志属性，共有 3 类，分别记为 "1" "2" "3"；后面的 13 列为每个样本对应属性的样本值。其中第一类有 59 个样本，第二类有 71 个样本，第三类有 48 个样本。下面通过多项式分布与高斯分布来分别处理数据，通过准确率来观察模型的区别。

【例 12-4】 对比模型

输入：

```
import numpy as np
from sklearn.model_selection import train_test_split
from sklearn import metrics
X=np.loadtxt("wine.data" , delimiter = "," , usecols=(1,2,3,4,5,6,7,8,9,10,11,12,13) )
y=np.loadtxt("wine.data" , delimiter = "," , usecols=(0) )
x_train, x_test, y_train, y_test = train_test_split(X, y, test_size=0.2)

from sklearn.naive_bayes import GaussianNB,MultinomialNB
Gclf=GaussianNB().fit(x_train,y_train)
Mclf=MultinomialNB().fit(x_train,y_train)
g_pred = Gclf.predict(x_test)
m_pred = Mclf.predict(x_test)
#返回模型的准确性
print(("GaussianNB \n Training Score:{:.2f}, Testing Score:{:.2f
}").format(Gclf.score(x_train,y_train),Gclf.score(x_test,y_test)))
print(("MultinomialNB \n Training Score:{:.2f}, Testing Score:
{:.2f}").format(Mclf.score(x_train,y_train),Mclf.score(x_train,y_train)))
```

输出：

```
GaussianNB
 Training Score:0.98, Testing Score:0.94
MultinomialNB
 Training Score:0.84, Testing Score:0.84
```

通过例 12-4 中的输出结果可以看出，使用 GaussianNB 模型下的训练集与预测集的准确率分别为 0.98 和 0.94，MultinomialNB 分数为 0.84。整体来说 GaussianNB 模型要优于 MultinomialNB。在数据处理过程中，使用高斯模型和多项式模型较多，但是二者往往不能够精准判断那个模型更优秀。下面绘制一个 wine.data 数据特征图像来分析一下，见例 12-5。

【例 12-5】 绘制 wine 数据特征分布，程序运行结果如图 12-1 所示

输入：

```
import matplotlib.pyplot as plt
x=np.loadtxt("wine.data" , delimiter = "," , usecols=(1,2,3,4,5,6,7,8,9,10,11,12,13) )
```

```
fig = plt.figure(figsize=(20, 15))
for i in range(x.shape[1]):
    ax = fig.add_subplot(3, 5, i + 1)
    plt.hist(x[:,i:i+1])
plt.show()
```

　　输出：

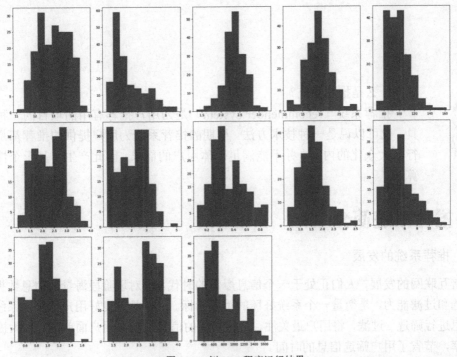

▲图 12-1　例 12-5 程序运行结果

　　通过例 12-5 的输出结果可以看出，wine.data 数据集中各个特征的数据形态也并非完全符合正态分布，说明在算法选择中并没有一个严格的规定。因此我们要从结果出发，选择最佳的参数去调节算法。比如在自然语言处理过程中，一般将文本量化成词向量的形式，通常推荐多项式的朴素贝叶斯进行处理，但实际上，尝试高斯分布的朴素贝叶斯模型很有可能得到更好的模型效果。

第 13 章　从推荐系统看算法场景

什么是推荐系统？

推荐系统（recommender system）是为用户推荐有用的项目的一种软件工具，也可以说是一种技术方法。早期的推荐系统为用户提供的推荐都是当前流行且大众化的内容，并不能满足个体用户的需求，因此产生了基于个性化推荐算法。

13.1　推荐系统简介

13.1.1　推荐系统的发展

随着互联网的发展，人们正处于一个信息爆炸的时代。面对现阶段海量的信息数据，对信息的筛选和过滤能力，是衡量一个系统好坏的重要指标。一个具有良好用户体验的系统，会对海量信息进行筛选、过滤，将用户最关注、最感兴趣的信息展现在用户面前，它大大提升了系统的效率，节省了用户筛选信息的时间。

搜索引擎的出现在一定程度上解决了信息筛选问题，但还远远不够。搜索引擎需要用户主动提供关键词来对海量信息进行筛选。当用户无法准确描述自己的需求时，搜索引擎的筛选效果将大打折扣。而用户将自己的需求和意图转化成关键词的过程，本身就是一个并不轻松的过程。

在此背景下，推荐系统出现了。推荐系统的任务就是联系用户和信息，一方面帮助用户发现对自己有价值的信息，另一方面让信息能够展现在对它感兴趣的人群中，从而实现信息提供商与用户的双赢。

电商的推荐系统则能够大大提升销售额：亚马逊通过个性化推荐系统能够大幅度提高销售量；推荐算法不仅为 Netflix 每年节省数亿美元，更让冷门内容能够发挥作用，这就需要依赖基于用户习惯数据的个性化推荐系统——利用个性化推荐，内容观看率相较普通列表展示提升 3～4 倍。

1. 常见推荐算法

推荐系统是解决信息过载问题的主要方法之一。在推荐系统出现前，主流技术是非个性化推荐、大众化推荐、根据热度进行推荐。

协同过滤算法基于 user 和 item，是相对比较成熟的算法。协同过滤算法又分为基于模型的协同过滤推荐和基于内存的协同过滤推荐。

其中，基于模型的推荐常见的模型有频繁项挖掘、聚类算法、分类算法、矩阵分解模型以及图模型等。基于内存的协同过滤推荐算法又分为基于用户的协同过滤推荐算法和基于物品（项目）的协同过滤推荐算法。

基于用户的协同过滤推荐通过计算目标用户与其余用户之间的相似度，得到与目标用户兴趣爱好相似的用户，根据相似用户的喜好为目标用户进行推荐。

2. 算法的发展

随着技术的发展，基于内容（Content-based）、知识（Knowledge-based）的推荐逐渐发展起来，并实现了混合应用。

随着推荐系统的价值越来越被人们所认识，人们研究出了更多的推荐算法。当前，比较热门的有依托人工智能技术，利用深度学习技术进行推荐；基于情景的推荐；在页面整体化方向推荐等；以基于用户行为和注意力的建模进行建模如图 13-1 所示。

▲图 13-1　注意力建模[1]

图 13-1 所示为点击位置（左）和记录光标位置（右）：红色和黄色代表发生强烈交互区域，绿色代表一般交互区域，蓝色代表弱交互区域。

13.1.2　协同过滤

协同过滤推荐算法是诞生最早，并且较为著名的推荐算法，其主要功能是预测和推荐。算

① 图片来源：Huang J. Modeling User Behavior and Attention in Search.[J]. Refrigeration & Air Conditioning, 2013, 30(3):458-472。

法通过对用户历史行为数据的挖掘发现用户的偏好，基于不同的偏好对用户进行群组划分并向用户推荐品味相似的物品。简单来说，就是物以类聚，人以群分。协同过滤推荐算法这里我们主要学习基于用户的推荐（User CF）与基于内容的推荐（Item CF）。

1. 相似度

相似度计算用于衡量对象之间的相似程度。其中的关键技术主要分为两个部分：即对象的特征表示，以及集合之间的相似关系。在信息检索、网页判重、推荐系统等都涉及对象之间或者对象和对象集合的相似性计算。而针对不同的应用场景，受限于数据规模、时空开销等，相似度计算方法的选择又会有所区别和不同。

推荐系统中相似度计算可以说是基础中的基础了，因为几乎所有的推荐算法都是在计算相似度，下面对一些常用的相似度计算方法进行介绍。

（1）欧几里得距离

欧几里得距离，即欧氏距离是最常用的距离计算公式，它用于衡量多维空间中各个点之间的绝对距离，当数据很稠密并且连续时，这是一种很好的计算方式。具体公式如下：

$$d(x,y)=\sqrt{\sum(x_i-y_i)^2} \quad sim(x,y)=\frac{1}{1+d(x,y)}$$

（2）皮尔逊相关系数

又称相关相似性，通过 Peason 相关系数来度量两个用户的相似性。计算时，首先找到两个用户共同评分过的项目集，然后计算这两个向量的相关系数。具体公式如下：

$$p(x,y)=\frac{\sum x_i y_i - n\overline{xy}}{(n-1)s_x s_y}=\frac{n\sum x_i y_i - \sum x_i \sum y_j}{\sqrt{n\sum x_i^2-(\sum x_i)^2}\sqrt{n\sum y_i^2-(\sum y_i)^2}}$$

（3）余弦相似度

余弦相似度用向量空间中两个向量夹角的余弦值作为衡量两个个体间的差异大小。相比距离度量，余弦相似度更加注重两个向量在方向上的差异，而非距离或长度差异。具体公式如下：

$$T(x,y)=\frac{x\cdot y}{\|x\|^2\times\|x\|^2}=\frac{\sum x_i y_i}{\sqrt{\sum x_i^2}\sqrt{\sum y_i^2}}$$

2. User CF

基于用户的协同过滤算法的基本思想相对来说比较容易理解，也就是基于用户对物品的偏好找到相邻的邻接用户，然后将邻接用户喜欢的物品推荐给当前用户。计算上，就是将一个用户对所有物品的偏好作为一个向量来计算用户之间的相似度，找到 K 邻接后，根据邻接的相似度权重以及他们对物品的偏好，预测当前目标用户没有偏好的未涉及物品，计算得出一个排序的物品列表推荐给用户。

下面给出了一个例子，如表 13-1 所示，对于用户 A，根据用户的历史偏好，计算得到一个邻接用户 C，然后将用户 C 喜欢的物品 D 推荐给用户 A，如图 13-2 所示。

表 13-1   User CF 案例表

User/Item	物品 A	物品 B	物品 C	物品 D
用户 A	1	—	1	1
用户 B	—	1	—	—
用户 C	1	—	1	推荐

注：表 13-1 中的数字 1 代表喜欢，如果我们要刻画喜欢的程度，那么此处的 1 可以替换成其他形式，比如用户对物品的评分。

3. Item CF

基于物品的协同过滤算法的原理与基于用户的协同过滤算法思想上是类似的，只是在计算邻接矩阵时依据物品本身，而不是从用户的角度，即基于用户对物品的偏好找到相似的物品，然后根据用户的历史偏好，推荐相似的物品。从计算的角度看，就是将所有用户对某个物品的偏好作为一个向量来计算物品之间的相似度，根据用户历史的偏好预测当前用户还没有表示偏好的物品，计算得出一个排序的物品列表作为推荐。

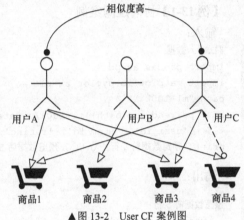

▲图 13-2   User CF 案例图

下面同样通过图表给出了一个例子，如表 13-2 所示，对于物品 A，根据所有用户的历史偏好，喜欢物品 A 的用户都喜欢物品 C，得出物品 A 和物品 C 比较相似，而用户 C 喜欢物品 A，那么可以推断出用户 C 可能也喜欢物品 C，如图 13-3 所示。

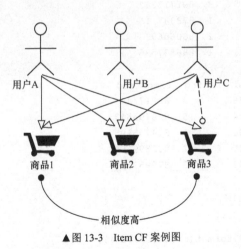

▲图 13-3   Item CF 案例图

表 13-2　　　　　　　　　　　　　　　　Item CF 案例表

User/Item	物品 A	物品 B	物品 C
用户 A	1	1	1
用户 B	—	1	—
用户 C	1	1	推荐

4. 实战案例

下面来实现基于电影的协同过滤推荐。首先获取数据集 ml-100k，包含 943 个用户对 1682 个影片的评分信息。读取我们需要的 u.data 文件，其中有 10 万条数据，包含 user_id（从 1 开始）、item_id（从 1 开始）、rating（1～5）和 timestamp（时间戳属性）4 个字段，接着进行数据观察与描述统计分析，最后进行协调过滤模型的构建与分析，详见例 13-1。

【例 13-1】协同过滤案例

输入：

```
#1.导入数据
import pandas as pd
import matplotlib.pyplot as plt
path="ml-100k\\"
df = pd.read_csv(path+'ml-100k/u.data', sep='\t',header=None,names=
    ['user_id', 'item_id', 'rating', 'timestamp'])
print("预览数据前 5 行：\n{}\n 预览数据后 5 行：\n{}".format(df.head(5),df.tail(5)))
```

输出：

```
预览数据前 5 行：
   user_id  item_id  rating   timestamp
0      196      242       3   881250949
1      186      302       3   891717742
2       22      377       1   878887116
3      244       51       2   880606923
4      166      346       1   886397596
预览数据后 5 行：
       user_id  item_id  rating   timestamp
99995      880      476       3   880175444
99996      716      204       5   879795543
99997      276     1090       1   874795795
99998       13      225       2   882399156
99999       12      203       3   879959583
```

输入：

```
#2.对数据进行描述统计分析
print("数据描述统计\n{}".format(df.describe()))
```

输出：

数据描述统计

	user_id	item_id	rating	timestamp
count	100000.00000	100000.000000	100000.000000	1.000000e+05
mean	462.48475	425.530130	**3.529860**	8.835289e+08
std	266.61442	330.798356	1.125674	5.343856e+06
min	1.00000	1.000000	1.000000	8.747247e+08
25%	254.00000	175.000000	3.000000	8.794487e+08
50%	447.00000	322.000000	**4.000000**	8.828269e+08
75%	682.00000	631.000000	4.000000	8.882600e+08
max	**943.00000**	**1682.000000**	5.000000	8.932866e+08

在数据描述统计分析结果中，user_id 与 item_id 的最大值分别为 943 与 1682，数据已知信息是 943 个用户对 1682 个影片的评分数据，故 user_id 与 item_id 数据均不存在缺失，是完整的数据集。从 rating 来看，评分范围为 1～5，中位数为 4，均值约为 3.5299，表明用户整体对影片的评分较高。

输入：

```
#3.切割训练集与测试集
from sklearn.model_selection import  train_test_split
train_ratings, test_ratings = train_test_split(df, test_size=0.3,random_state=0)
```

输入：

```
#4.分别构建训练集与测试集矩阵
def create_matrix(ratings,matrix):
    for row in matrix.itertuples():
        ratings[row[1]-1, row[2]-1] = row[3]
    return ratings


ratings = np.zeros((943, 1682))
train_ratings_matrix = create_matrix(ratings,train_ratings)
test_ratings_matrix = create_matrix(ratings,test_ratings)
```

输入：

```
#5.计算相似度，采用皮尔逊相似度。
from sklearn.metrics.pairwise import pairwise_distances
#user 方向
user_sim = pairwise_distances(train_ratings_matrix, metric='cosine')
#item 方向
item_sim = pairwise_distances(test_ratings_matrix.T, metric='cosine')
```

输入：

```
#6.构建预测函数
def predict(ratings,sim, kind=None):
```

```
    if kind == 'user':
        #对 item 求平均分
        mean_user = ratings.mean(axis=1)
        #①
        ratings_diff = (ratings - mean_user[:, np.newaxis])
        #②
        pred = mean_user[:,np.newaxis]+sim.dot(ratings_diff)/np.array
              ([np.abs(sim).sum(axis=1)]).T
        #③
        #pred = sim.dot(ratings_diff)/ np.array([np.abs(sim).sum(axis=1)]).T
    elif kind == 'item':
        pred=ratings.dot(sim)/np.array([np.abs(sim).sum(axis=1)])
    else:
        print("kind is None,please input")
    return pred
```

输入：

```
#7.推荐 topK
def recommend(pred,topk=3):
    #对数据由小到大排序，输出排序的索引，之后输出后面三个索引，即推荐的前三个次序
    axis_1 = np.argsort(pred, axis=1)
    res=axis_1[:,-topk:]
    return res
```

输入：

```
#8.构建评估函数
from sklearn.metrics import mean_squared_error
def get_mse(pred, actual):
    #Ignore nonzero terms.
    pred = pred[actual.nonzero()].flatten()
    actual = actual[actual.nonzero()].flatten()
    return mean_squared_error(pred, actual)
```

🐾小贴士：

代码说明：

① #meanuserrating[:, np.newaxis]加入新的坐标轴，比如由原来的[1,2,3,4]变成
【【1】【2】【3】【4】】
②与③#两种不同的预测方法。

5. 模型预测与评估

在第 4 节的基础上进行预测，执行 Predict 函数，其中 Predict 中的 Type 参数分别为 Item 与 User，表示两种形式。

【例 13-2】模型的预测与评估

输入：

```
user_pred=predict(train_ratings_matrix, user_sim, kind='user')
item_pred=predict(train_ratings_matrix, item_sim, kind='item')
```

模型评估如下。

输入：

```
from sklearn.metrics import mean_squared_error
def get_mse(pred, actual):
    # Ignore nonzero terms.
    pred = pred[actual.nonzero()].flatten()
    actual = actual[actual.nonzero()].flatten()
    return mean_squared_error(pred, actual)

print ('User-based CF MSE: ' + str(get_mse(user_pred, test_ratings_matrix)))
print ('Item-based CF MSE: ' + str(get_mse(item_pred, test_ratings_matrix)))
```

输出：

```
User-based CF MSE: 8.782186025575763
Item-based CF MSE: 11.506639978736974
```

【例 13-3】完整的代码

```
#!usr/bin/env python
#_*_ coding:utf-8 _*_
import pandas as pd
import numpy as np
from sklearn.model_selection import  train_test_split
from sklearn.metrics.pairwise import pairwise_distances

def create_matrix(ratings,matrix):
    for row in matrix.itertuples():
        ratings[row[1]-1, row[2]-1] = row[3]
    return ratings

def predict(ratings, sim, kind=None):
    if kind == 'user':
        mean_user = ratings.mean(axis=1)
        ratings_diff = (ratings - mean_user[:, np.newaxis])
        pred = mean_user[:,np.newaxis]+sim.dot(ratings_diff
                )/np.array([np.abs(sim).sum(axis=1)]).T
    elif kind == 'item':
        pred=ratings.dot(sim)/np.array([np.abs(sim).sum(axis=1)])
    else:
        print("kind is None,please input")
```

```
        return pred

def recommend(pred,topk=3):
    axis_1 = np.argsort(pred, axis=1)
    res=axis_1[:,-topk:]
    return res
```

接下来执行预测：

```
if __name__=="__main__":

    #获取数据
    path="ml-100k\\"
    df = pd.read_csv(path+'ml-100k/u.data', sep='\t',header=None,names=
            ['user_id', 'item_id', 'rating', 'timestamp'])
    train_ratings, test_ratings = train_test_split(df, test_size=0.3,random_state=0)
    #构建评分矩阵
    ratings = np.zeros((943, 1682))
    train_ratings_matrix = create_matrix(ratings,train_ratings)
    test_ratings_matrix = create_matrix(ratings,test_ratings)
    #item 方向
    item_sim = pairwise_distances(test_ratings_matrix.T, metric='cosine')
    item_pred=predict(train_ratings_matrix, item_sim, kind='item')
```

动手实验：请自行尝试 kind='user' 形式。

6. 小结

User CF 与 Item CF 总结如表 13-3 所示。

表 13-3　　　　　　　　　　　User CF 与 Item CF

	User CF	Item CF
性能	适用于用户数较少的场合，否则计算开销太大	适用于商品数量较少的场合，否则计算开销太大
领域	时效性较强，对个性化推荐不明显	长尾商品丰富，侧重于用户需求强烈的领域
用户实时性	用户有新的行为，不一定造成推荐结果立即变化	用户有新的行为，一定会导致推荐结果的变化
冷启动	对于用户：冷启动时，新用户行为较少，效果不明显	对于用户：新用户只要对一个物品产生行为，就可以给其推荐关联度较高的物品
	对于物品：新加入的物品能够较快地被纳入推荐列表	对于物品：难点在于需要离线状态下更新物品相似度
推荐理由	物以类聚，人以群分	基于用户的历史行为给用户做推荐

13.2　基于文本的推荐

随着人工智能的发展，自然语言处理技术愈发重要，它由最初的基于字面匹配，逐渐发展到基于语义理解技术。也就是让计算机可以理解一个伴有请求的语义，实现语义级的搜索而不仅仅是字面匹配。

13.2.1 标签与知识图谱推荐案例

随着技术的发展，越来越多的非结构化数据被利用起来，比如语音、图片、文本数据。针对文本数据，我们通常使用自然语言技术进行处理，通过文本获取的内容跟用户联系起来，实现推荐算法。伴随互联网应用的发展，网络用户的交互作用得以体现，用户既是网络内容的浏览者，也是网络内容的创造者。

互联网向来就不是一个唱独角戏的地方，其内部不断以各种形式产生着内容，比较有代表性产品有今日头条、一点咨询等。其内容通过 PGC（Professional Generated Content）与 UGC（User Generated Content）相结合的模式产生，同时基于以上内容，采用机器学习与深度学习算法进行个性化推荐，实现高质量的用户体验。

小贴士：

PGC 指专业生产内容、专家生产内容，用来泛指内容个性化、视角多元化、社会关系虚拟化。其分类更专业，内容质量也更有保证。特别是高端媒体采用的也是 PGC 模式，其内容设置及产品编辑均非常专业。

UGC 指用户原创内容，是伴随着提倡个性化的 Web 2.0 概念而兴起的。它并不是某一种具体的业务，而是一种用户使用互联网的新方式，即由原来的以下载为主变成下载和上传并重。UGC 有个好处是，用户可以自由上传内容，丰富网站内容，但不利的方面在于内容的质量良莠不齐。

---

1. 基于标签的推荐

标签是一种用来描述信息的关键词，可以作为物品的元信息。图 13-4 所示为淘宝网与当当网分类标签。一种商品必然有其所在的类别，例如在淘宝网中，照相机属于数码产品，同时照相机还有更加精细的品牌分类。此外，淘宝网还建立了关于配送方面的标签分类，如淘宝速达、实体商场服务等。当当网同样将书籍进行了分类，在不同类型上进行逐层次地划分，这种分类标签往往在用户选择商品时具有导向作用，用户可以通过这种分类标签选择自己想要的商品。

▲ 图 13-4　淘宝网与当当网分类标签[①]

---

① 图片截取自淘宝网与当当网，图中相关内容的著作权归原著作权人所有。

利用标签，可以更好地组织和推荐物品。根据需要解决的问题，你可以构建标签系统，如图 13-5 所示，其大致分为两种。

❑　根据 Item 的标签为用户推荐 Item。

❑　在用户打标签时，推荐合适的 Item 的标签。

▲图 13-5　标签系统

俗话说"物以类聚，人以群分"，采用统计或者标签相似度的方式都可以实现推荐。下面介绍一种基于聚类（Clustering）的方法，聚类是一种无监督学习，可以完成很多目的。

文本的聚类通常是具有一定的难度的，本文将会介绍文本聚类的基本流程以方便读者在日后的工作学习中顺利实现算法。

首先对已有数据进行文本提取，提取关键字，接着通过 word2vec 将关键字映射成词向量（见第 8 章），基于词向量进行聚类标签词向量如表 13-4 所示。

表 13-4　标签词向量

雅丹地貌	−0.051671	−0.3797848	⋯	0.5550979	0.866482
崖刻	−0.447489	−0.6913731	⋯	0.30160427	0.17829777
崖刻	0.2072692	0.01865289	⋯	0.3174876	−0.099414
⋯	⋯	⋯	⋯	⋯	⋯
雪山冰川	0.0097112	−0.1174255	⋯	−0.1901867	0.19218828
冰川	−0.115743	−0.3945433	⋯	2.0336318	3.7954047
雪山	−0.425978	0.6505063	⋯	0.38809812	1.8445162
雪峰	0.5795355	0.3655093	⋯	−0.01591174	0.8103184
学院	−1.432100	−0.7186428	⋯	−2.2899067	−0.2144052
学校	−0.898750	−1.725242	⋯	−0.0502177	−0.4919892

假设我们通过自然语言处理的 word2vec 实现了词向量的构建，构建的维度是 200 维，那么每个标签的维度即为 200，这样我们可以对现有的标签进行基于标签向量的聚类。常用的聚类方法有很多，如基于密度的聚类 DBSCAN、层次聚类算法、K-Means 聚类算法等。

下面采用 K-Means 聚类算法进行测试。

【例 13-4】标签聚类算法

输入：

```
import pandas as pd
from sklearn.cluster import  K-Means
import numpy as np

#数据的获取
data=pd.read_table("vector.txt",sep="\t")
df=data.dropna(axis=1)
X=df.values
print(X.shape)
```

输出：

```
(583, 201)
```

结果说明数据有 583 个标签，每个标签的向量是 200 维。

输入：

```
#K-Means 聚类
K=15
calf=KMeans(tol=0.0001,n_clusters=K,max_iter=300,init='k-means++',precompute_distance
s=True)
y_pred1=clf.fit_predict(X[:,1:201])
#输出最后的聚类结果
next=-1
for i in np.argsort(y_pred1):
    temp=y_pred1[i]
    if temp==next:
        alist.append(str(X[:,0:1][i][0]))
        next=temp
    else:
        if next>=0:
            print("第{}类".format(next))
            print(alist)
        alist=[]
        alist.append(str(X[:,0:1][i][0]))
        next=temp
print("第{}类\n{}".format(next,alist))
```

输出：

```
第 0 类
[' '水上项目', '海峡','水利工程', '水利', …, '海关', '水族馆','']
第 1 类
['码头', '港口', ,'…', '缆车', '口岸', '渡口', '观景台', '游船', '游轮', ]
第 2 类
['美食街', '美食', '购物中心', …, '海鲜', '酒吧', '农家菜', '农家乐']
第 3 类
['游乐园',  '植物园', '游乐场', '主题乐园',…,'森林公园', '乐园', '动物园']
第 4 类
```

['' 水库 ', ' 港湾 ', ' 浴场 ', ' 海滩 ',…,' 海岛 ', ' 海边 ',' 半岛 ', ' 温泉 ', ' 岛 ', ' 湖 ']
第 5 类
[' 雪峰 ',' 冰川 ',…, ' 火山 ', ' 雾凇 ', ' 自然风景 ', ' 草原 ', ' 山岳 ', ' 自然风光 ']
第 6 类
[' 陵墓 ', ' 遗址 ', ' 祠庙 ',…,' 历史遗迹 ', ' 墓地 ', ' 古墓 ', ' 祭祀 ']
第 7 类
[' 壁画 ', ' 洞窟 ', ' 佛像 ', ' 石窟 ']
第 8 类
[' 学校 ', ' 企业 ', ' 教堂 ', ' 图书馆 ', ' 蜡像馆 ', ' 艺术馆 ',…, ' 大学 ', ' 科技馆 ']
第 9 类
[' 山谷 ', ' 峡谷 ', ' 溪 ', ' 潭 ',…, ' 河谷 ', ' 泉 ', ' 河流 ', ' 瀑布 ', ' 瀑布群 ']
第 10 类
[' 省级森林公园 ', ' 省级自然保护区 ', ' 省级文物保护 ', ' 省级风景名胜 ',…, ' 市级文物保护 ']
第 11 类
['CS', ' 垂钓 ', ' 冲浪 ', ' 运动 ', ' 蹦极 ',…, ' 攀岩 ', ' 踏青 ', ' 帆船 ']
第 12 类
[' 步行街 ', ' 街区 ', ' 商业街 ', ' 老街 ', ' 广场 ',…, ' 市场 ', ' 夜市 ', ' 小镇 ']
第 13 类
[' 豹 ', ' 熊 ', ' 羚羊 ',…,' 熊猫 ', ' 金丝猴 ', ' 猴 ', ' 黑颈鹤 ', ' 丹顶鹤 ']
第 14 类
[' 纪念馆 ', ' 纪念碑 ', ' 故居 ']

从分类结果上来看，大致上不错，但是个别标签仍然不够精准，存在着一定的歧义，需要人工对数据进行预处理或者对结果进行二次加工，这也是自然语言处理工程中的难点所在。

通过上面的聚类算法，将相似标签进行了聚类，完成了标签的分类，达到群分的目的。通过统计分析可以将用户的主属性标记出来，但其也存在着一些缺点。

❑　　用户分群：相同爱好的人。

此种方法有时可以给用户带来惊喜，但是个性化稍差（人群与个体）。

❑　　商品聚类：相似商品。

精确性较高，但推荐的商品大多对用户无新鲜感，比如在旅游的场景下，对旅游景点的推荐，根据景点的标签进行聚类，完成同一类别的景点推荐，往往此场景下，旅游者很难发现比较新奇的景点。

对于算法的评价，一方面聚类可以在一定程度上解决数据稀疏的问题，从而捕捉一些隐性（扩展）相似度，另一方面聚类的精准度往往没有协同过滤的效果好。

2. 基于知识图谱的推荐

2012 年 Google 推出第一版知识图谱，在学术界和工业界掀起了一股热潮，各大互联网企业在之后短短的一年内纷纷推出了自己的知识图谱产品以作为回应。比如互联网巨头百度和搜狗分别推出"知心"和"知立方"来改进其搜索质量，同时知识图谱也广泛运用于知识问答领域。

知识图谱本质上是语义网络，是一种基于图的数据结构，由节点（Point）和边（Edge）组成。在知识图谱里，每个节点表示现实世界中存在的"实体"，每条边为实体与实体之间的

"关系"。知识图谱是关系的最有效的表示方式。通俗地讲，知识图谱就是把所有不同种类的信息（Heterogeneous Information）连接在一起而得到的一个关系网络。知识图谱提供了从"关系"的角度去分析问题的能力。

对于一个典型的知识图谱来说，可以通过有向图表示的三元组，以及三元组之间的相互链接，构成一个网状的知识集合，这种三元组携带着实体自身的语义信息。**节点**（node）代表**实体**（entity）或者**概念**（concept），实体之间的各种**语义关系**（relation）作为边（edge）。

以电影领域为例，电影实体中主要包括了演员、类型、导演等主要数据特征，这些特征从一定程度上概括了这部电影。利用电影特征，可以得到图 13-6 所示的一个电影知识图谱的三元组。众多的节点和边可以构成图 13-7～图 13-9 形式的图谱。

| 电影 | 参演者 → | 演员 |

▲图 13-6　三元组

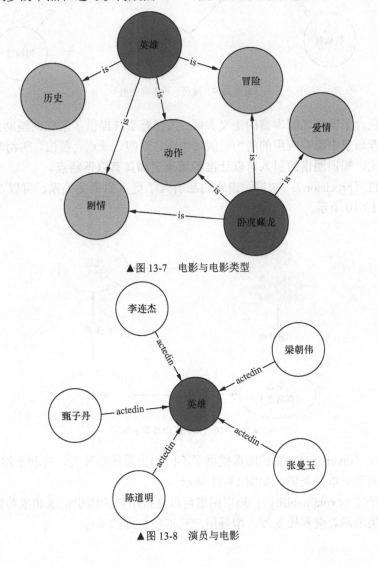

▲图 13-7　电影与电影类型

▲图 13-8　演员与电影

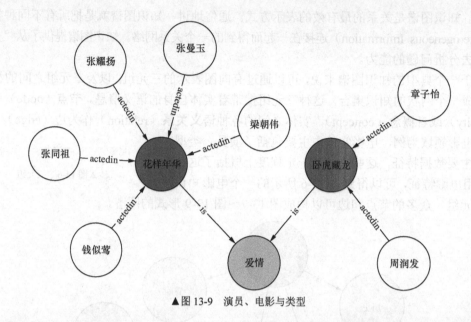

▲图 13-9 演员、电影与类型

　　知识图谱包含了实体之间丰富的语义关联，为推荐系统提供了潜在的辅助信息来源。知识图谱在诸多推荐场景中都有应用的潜力，例如电影、新闻、景点、餐馆、购物等。和其他种类的辅助信息相比，**知识图谱的引入可以让推荐结果更加具有以下特点。**

　　（1）**精确性**（precision）：知识图谱为物品引入了更多的语义关系，可以发现用户深层次的兴趣，如图 13-10 所示。

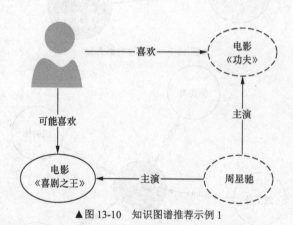

▲图 13-10 知识图谱推荐示例 1

　　（2）**多样性**（diversity）：知识图谱提供了不同的关系连接种类，有利于推荐结果的发散，避免推荐结果局限于单一类型，如图 13-11 所示。

　　（3）**可解释性**（explainability）：知识图谱可以连接用户的历史记录和推荐结果，从而提高用户对推荐结果的满意度和接受度，增强用户对推荐系统的信任。

下面来看一个知识图谱实际应用的例子，如图 13-12 所示。

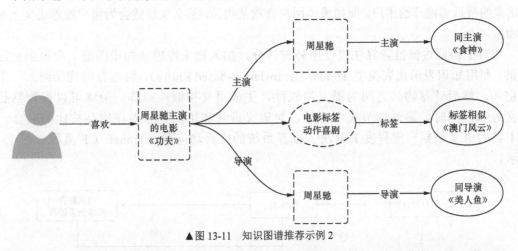

▲图 13-11　知识图谱推荐示例 2

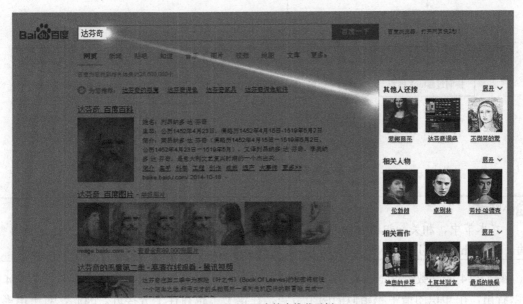

▲图 13-12　百度搜索推荐示例

在图 13-12 中，是在百度首页搜索框输入"达芬奇"返回的结果，可以看到页面的右侧是基于当前输入的内容通过关联关系而推荐的相关信息，其他人还搜索了哪些内容。这种方式可以用来提升用户的体验，完成精准推荐。

将知识图谱作为辅助信息引入推荐系统中，可以有效解决传统推荐系统存在的稀疏性和冷启动问题。随着 2012 年 Google 推出知识图谱，越来越多的公司将知识图谱融合到推荐系统中。目前，将知识图谱特征学习应用到推荐系统中主要通过 3 种方式——依次学习、联合学习以及交替学习。

本节将介绍一种基于知识图谱表示学习的协同过滤推荐算法，其基本思想是将协同过滤计算出来的最近邻推荐给用户。而如果该用户喜欢某物品，那么系统就会为用户推荐语义上相似的物品。

相对于协同过滤推荐算法仅使用外部评分，加入知识推理（知识图谱）会得到更好的效果。利用知识表示代表模型 TransE（Translation-based Entity），将推荐的物品嵌入一个低维空间，然后计算物品之间的语义相似性，生成语义相似性矩阵，最终可以得到物品的语义近邻。同时，通过调节融合比例，对语义近邻和协同过滤潜在物品按比例融合，利用丰富的语义数据一定程度上解决了推荐系统的冷启动问题。TransE CF 流程如图 13-13 所示。

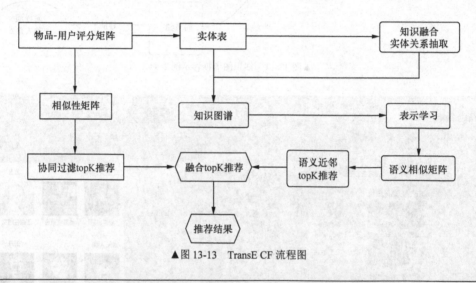

▲图 13-13　TransE CF 流程图

> 🐝小贴士：
>
> 在本节中，相关知识图谱图片均是来源于图数据库 Neo4j，其采用的是 Cypher 语句查询。在 Python 下同样有 Neo4j 的 API，通过 from py2neo import *导入。

图 13-14 为图数据库 Neo4j 中节选的部分电影及其属性所成的网状结构。从图 13-14 中可以看出，在知识图谱中越相似的两个节点，在语义上也往往十分接近。因此，对于电影推荐来说，不仅可以利用电影的用户评分信息，也可使用电影自身的语义信息。协同过滤推荐认为两物品的用户评分分布相近，则它们被判定为近邻。同样，如果该电影在知识图谱中相近，直观上也可以被判定为近邻。对于知识表示处理，常见形式是文本处理方法与知识图谱相结合，TransE+Word2Vec 就是文本方法和知识图谱方法相结合。KG 对应 TransE 方法，文本 Text 对应 Word2Vec 模型。基于 CNN 的关系抽取模型，建立对词汇、实体、关系的统一表示空间。

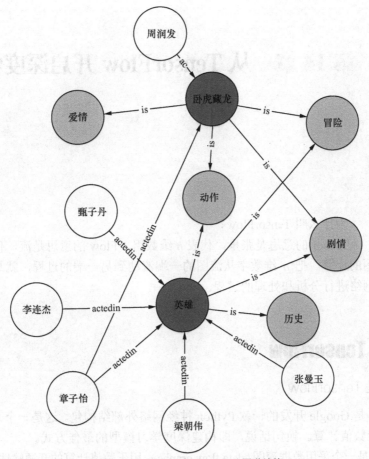

▲图 13-14　图数据库 Neo4j 部分图谱结构

13.2.2　小结

如同老师对学生要因材施教，在不同场景、不同特征下，也应该应用不同的算法。推荐系统是算法应用的重要表现，为了获得令人满意的最终效果，请记住以下几点。

- ❑　推荐需求比算法更重要！
- ❑　理解业务逻辑比算法更重要！
- ❑　理解数据和数据处理比算法更重要！
- ❑　理解用户比算法更重要！

因此，我们除了学习算法，更应该熟悉用户与业务。

第 14 章　从 TensorFlow 开启深度学习之旅

为什么叫 TensorFlow？

Tensor 的意思是张量，代表 n 维数组，Flow 的意思是流，代表基于数据流图的计算。把 n 维数字从流图的一端流动到另一端的过程，就是人工智能神经网络进行分析和处理的过程。

14.1　初识 TensorFlow

14.1.1　什么是 TensorFlow

TensorFlow 是 Google 开发的一款 Python 神经网络外部结构包。这是一个开源库，用于使用数据流图进行数值计算。换句话说，即构建深度学习模型的最佳方式。

TensorFlow 是一个采用数据流图（data flow graphs），用于数值计算的开源软件库。节点（node）在图中表示数学操作，图中的线（edges）则表示在节点间相互联系的多维数据数组，即张量（Tensor）。它灵活的架构让你可以在多种平台上展开计算，例如台式计算机中的一个或多个 CPU（或 GPU）服务器、移动设备，等等。TensorFlow 最初由 Google 大脑小组（隶属于 Google 机器智能研究机构）的研究员和工程师们开发，用于研究机器学习和深度神经网络，但这个系统的通用性使其也可广泛应用于其他计算领域。图 14-1 为近些年主要人工智能模块的发展历程。

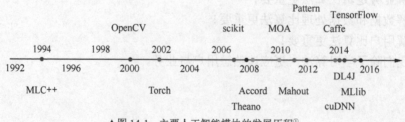

▲图 14-1　主要人工智能模块的发展历程[①]

---

① Goldsborough P. A Tour of TensorFlow[J]. 2016.

14.1.2 安装 TensorFlow

TensorFlow Python API 目前支持 Python 3.x 版本，可直接通过 pip 安装。如果你已经使用了 Anaconda，那么建议直接按照第 8 章中安装 gensim 的方法进行安装。关于其他安装方法可参考 TensorFlow 官网中基于 Python 的安装方法，具体如下。

1. Linux（Ubuntu）

```
#仅使用 CPU 的版本
$pip install https://storage.googleapis.com/tensorflow/linux/cpu /tensorflow-0.5.0- c
p27-none-linux_x86_64.whl

#开启 GPU 支持的版本(安装该版本的前提是已经安装了 CUDAsdk)
$ pip install https://storage.googleapis.com/tensorflow/linux/gpu /tensorflow-0.5.0-
cp27-none-linux_x86_64.whl
```

2. Mac OS X

在 Mac OS X 系统上，推荐先安装 homebrew，然后执行 brew install python，以便能够使用 homebrew 中的 Python 安装 TensorFlow。

另外一种推荐的方式是在 virtualenv 中安装 TensorFlow。

```
# 当前版本只支持 CPU
$ pip install https://storage.googleapis.com/tensorflow/mac/ tensorflow -0.5.0-py2- n
one-any.whl
```

3. 基于 Docker 的安装

通过 Docker 可以运行 TensorFlow，该方式的优点是不用操心软件依赖问题。
首先安装 Docker，一旦 Docker 启动运行，就可以通过命令启动一个容器。

```
$ docker run -it b.gcr.io/tensorflow/tensorflow
```

该命令将启动一个已经安装好 TensorFlow 及相关依赖的容器。

小贴士：
在深度学习的发展过程中，最新的 API 往往存在着一定的兼容性问题，在使用 pip 安装的过程中，可以通过命令"pip install tensorflow=版本号"，来完成指定版本的安装。

14.1.3 TensorFlow 基本概念与原理

TensorFlow 是谷歌基于 DistBelief 研发的第二代人工智能学习系统，可将复杂的数据结构传输至人工智能神经网中进行分析和处理。

TensorFlow 是用数据流图（data flow graphs）技术来进行数值计算的，如图 14-2 所示，数据流图是描述有向图中的数值计算过程。

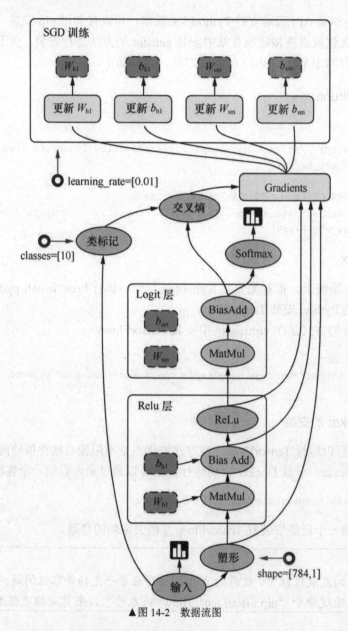

▲图 14-2　数据流图

　　在有向图中，节点通常代表数学运算，边表示节点之间的某种联系，它负责传输多维数据（Tensors）。

　　节点可以被分配到多个计算设备上，可以异步和并行地执行操作。因为是有向图，所以只有等到之前的节点计算状态完成后，当前节点才能执行操作。

14.2 TensorFlow 数据结构

张量 Tensor 表示是从向量空间到实数域的多重线性映射（Multilinear Maps）。一般可以把 TensorFlow 的 Tensor 看作一个 n 维的数组或列表，一个 Tensor 包含一个静态类型 rank（阶）和一个 shape（形状）。

14.2.1 阶

在 TensorFlow 系统中，张量的维数被描述为阶，但是张量的阶和矩阵的阶并不是同一个概念。张量的阶是张量维数的一个数量描述，下面的张量 t（使用 Python 中 list 定义）就是 2 阶。

t = [[1, 2, 3], [4, 5, 6], [7, 8, 9]]

可以认为一个 2 阶张量就是我们平常所说的矩阵，一阶张量可以认为是一个向量。对于一个 2 阶张量，可以使用语句 $t[i, j]$ 来访问其中的任何元素，而对于 3 阶张量，可以通过 $t[i, j, k]$ 来访问任何元素，具体方法见表 14-1。

表 14-1　　　　　　　　　　　　　　　　　　　Rank（阶）

阶	数 学 实 例	Python 例子
0	纯量（只有大小）	s = 483
1	向量（大小和方向）	v = [1.1, 2.2, 3.3]
2	矩阵（数据表）	m = [[1, 2, 3], [4, 5, 6], [7, 8, 9]]
3	3 阶张量（数据立体）	t = [[[2], [4], [6]], [[8], [10], [12]], [[14], [16], [18]]]
n	n 阶	……

14.2.2 形状

TensorFlow 文档中使用了，3 种记号来方便地描述张量的维度，分别是阶、形状以及维数。表 14-2 展示了它们之间的关系。

表 14-2　　　　　　　　　　　　　　　　　　　Shape（形状）

阶	形　　状	维　　数	实　　例
0	[ ]	0-D	一个 0 维张量. 一个纯量
1	[D0]	1-D	一个 1 维张量的形式[5]
2	[D0, D1]	2-D	一个 2 维张量的形式[3, 4]
3	[D0, D1, D2]	3-D	一个 3 维张量的形式 [1, 4, 3]
n	[D0, D1, …, Dn]	n-D	一个 n 维张量的形式 [D0, D1, …, Dn]

14.2.3 数据类型

除了维度，Tensor 有一个数据类型属性，可以为一个张量指定下列数据类型中的任意一个类型，如表 14-3 所示。

表 14-3　　　　　　　　　　　　　　　　　Data Type（数据类型）

数 据 类 型	Python 类型	描　　　述
DT_FLOAT	tf.float32	32 位浮点数
DT_DOUBLE	tf.float64	64 位浮点数
DT_INT64	tf.int64	64 位有符号整型
DT_INT32	tf.int32	32 位有符号整型
DT_INT16	tf.int16	16 位有符号整型
DT_INT8	tf.int8	8 位有符号整型
DT_UINT8	tf.uint8	8 位无符号整型
DT_STRING	tf.string	可变长度的字节数组每一个张量元素都是 1 字节数组
DT_BOOL	tf.bool	布尔型
DT_COMPLEX64	tf.complex64	由两个 32 位浮点数组成的复数:实数和虚数
DT_QINT32	tf.qint32	用于量化 Ops 的 32 位有符号整型
DT_QINT8	tf.qint8	用于量化 Ops 的 8 位有符号整型
DT_QUINT8	tf.quint8	用于量化 Ops 的 8 位无符号整型

14.3　生成数据十二法

14.3.1　生成 Tensor

　　TensorFlow 用张量这种数据结构来表示所有的数据，你可以把一个张量想象成一个 n 维的数组或列表。一个张量有一个静态类型和动态类型的维数，张量可以在图中的节点之间流通。①～⑥中就是生成 Tensor 的基本方法，具体见例 14-1。

　　【例 14-1】生成 Tensor

①tf.zeros(shape, dtype=tf.float32, name=None)

　　输入：

tf.zeros([2, 3], int32)

　　输出：

[[0, 0, 0], [0, 0, 0]]

②tf.ones(shape, dtype=tf.float32, name=None)

　　输入：

tf.ones([2, 3], int32)

　　输出：

[[1, 1, 1], [1, 1, 1]]

③tf.zeros_like(tensor, dtype=None, name=None)

新建一个与给定的 tensor 类型大小一致的 tensor，其所有元素为 1。

输入：

```
#'tensor' is [[1, 2, 3], [4, 5, 6]]
tf.ones_like(tensor)
```

输出：

```
[[1, 1, 1], [1, 1, 1]]
```

④tf.constant(value, dtype=None, shape=None, name='Const')

创建一个常量 tensor，先给出 value，可以设定其 shape。

输入：

```
#Constant 1-D Tensor populated with value list.
tensor = tf.constant([1, 2, 3, 4, 5, 6, 7])
```

输出：

```
[1 2 3 4 5 6 7]
```

输入：

```
#Constant 2-D tensor populated with scalar value -1.
tensor = tf.constant(-1.0, shape=[2, 3])
```

输出：

```
[[-1. -1. -1.] [-1. -1. -1.]]
```

⑤tf.fill(dims, value, name=None)

创建一个形状大小为 dim 的 tensor，其初始值为 value。

输入：

```
# Output tensor has shape [2, 3].
 tf.fill([2, 3], 9)
```

输出：

```
[[9, 9, 9],[9, 9, 9]]
```

⑥tf.ones_like(tensor, dtype=None, name=None)

输入：

```
'tensor' is [[1, 2, 3], [4, 5, 6]]
tf.ones_like(tensor)
```

输出：

```
[[1, 1, 1], [1, 1, 1]]
```

小贴士：

　　虽然最新的 TensorFlow 会有一些新特性出现，但是由于一些方法的更新，会导致不兼容，本书使用的是 TensorFlow 1.4.0。

14.3.2　生成序列

　　在生活实践中，有很多实际问题都可以转化为序列问题，然后用数列的知识求解。比如，计算单利时用等差数列，计算复利时用等比数列；分期付款要综合运用等差、等比数列的知识；著名的马尔萨斯人口论，把粮食增长比喻为等差数列，而把人口增长比喻为等比数列。这些科学事实和生活事例，都有助于认识和理解数列的实际应用。对于拿到的数据源，如果不进行恰当的预处理，就无法有效判断数据分布类型，如果没有数学建模意识，也就得不到一个好的算法模型。

　　在 Python 的众多科学计算模块（如 NumPy、Scipy）下，均具有生成序列的功能。

　　亚里士多德说："虽然数学没有明显地提到善与美，但善与美不能和数学分离。因为美的主要形式就是'秩序、匀称和确定性'，这些正是数学所研究的原则"。那么作为深度学习的模块 TensorFlow 同样支持实现序列生成，⑦中就是生成序列的基本方法，例 14-2 所示为 TensorFlow 生成序列的案例。

【例 14-2】　生成序列

```
⑦tf.range(start, limit, delta=1, name='range')
```

　　返回一个 tensor 等差数列，该 tensor 中的数值在 start 到 limit 之间，不包括 limit，delta 是等差数列的差值。start、limit 和 delta 都是 int32 类型。

　　输入：

```
# 'start' is 3 ,'limit' is 18 ,'delta' is 3
tf.range(start, limit, delta)
```

　　输出：

```
[3, 6, 9, 12, 15]
```

　　输入：

```
# 'limit' is 5 start is 0
tf.range(start, limit)
```

　　输出：

```
[0, 1, 2, 3, 4]
```

⑧tf.linspace(start, stop, num, name=None)

返回一个 tensor，该 tensor 中的数值在 start 到 stop 区间之间取等差数列（包含 start 和 stop），如果 num>1，则差值为(stop-start)/(num−1)，以保证最后一个元素的值为 stop。

其中，start 和 stop 必须为 tf.float32 或 tf.float64，num 的类型为 int。

输入：

```
tf.linspace(10.0, 12.0, 3, name="linspace")
```

输出：

```
[ 10.0 11.0 12.0]
```

14.3.3 生成随机数

我们对于随机数肯定不会陌生，它是算法工程师经常要用到的一个方法，用于密码加密、数据生成、蒙特卡洛算法等，⑨～⑫中就是生成随机数的基本方法。

⑨tf.random_normal(shape, mean=0.0, stddev=1.0, dtype=tf.float32, seed=None, name=None)

返回一个 tensor，其中的元素的值服从正态分布。

⑩tf.truncated_normal(shape, mean=0.0, stddev=1.0, dtype=tf.float32, seed=None, name=None)

返回一个 tensor，其中的元素服从标准正态分布。

理解：shape 表示生成张量的维度，mean 是均值，stddev 是标准差。这个函数产生正态分布，均值和标准差自己设定，这是一个截断的产生正态分布的函数，就是说产生正态分布的值如果与均值的差值大于两倍的标准差，那就重新生成。和一般的正态分布的产生随机数据比起来，这个函数产生的随机数与均值的差距不会超过两倍的标准差，但是一般的别的函数是可能的。

⑪tf.random_uniform(shape, minval=0.0, maxval=1.0, dtype=tf.float 32, seed=None, name= None)

返回一个形状为 shape 的 tensor，其中的元素服从 minval 和 maxval 之间的均匀分布。

⑫tf.random_shuffle(value, seed=None, name=None)

对 value（是一个 tensor）的第一维进行随机化。

```
[[1,2],              [[2,3],
 [2,3],     ==>       [1,2],
 [3,4]]               [3,4]]
```

14.4 TensorFlow 实战

应用前面的知识，可构建简单的操作案例，利用梯度下降法求解中参数。简单的线性回归，采用 NumPy 构建完整回归数据，并增加干扰噪声，具体案例见例 14-3。

【例 14-3】线性回归实战，程序运行结果如图 14-3 所示

输入：

```
import numpy as np
...
#version：TF=1.4
#obj:建立一个一元线性回归方程 y=0.1x1+0.3,用于见证 TF 的应用
...
num_points=1000
vectors_set=[]
for  i in  range(num_points):
    x1=np.random.normal(loc=0.0,scale=0.66)
    y1=x1*0.1+0.3+np.random.normal(0.0,0.03)
    vectors_set.append([x1,y1])
x_data=[v[0] for v in vectors_set]
y_data=[v[1] for v in vectors_set]
```

输入：

```
#绘制数据分布结果
import matplotlib.pyplot as plt
plt.plot(x_data,y_data,'ro',marker='^',c='blue',label='original_data')
plt.legend()
plt.show()
```

输出：

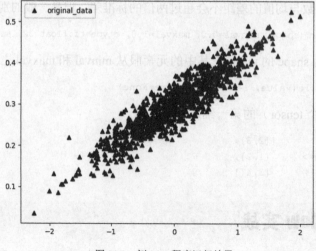

▲图 14-3　例 14-3 程序运行结果

通过 TensorFlow 代码找到最佳的参数 W 与 b，使得输入数据 x_data，生成输出数据 y_data，例 14-3 中将绘制一条直线 y_data=Wx_data+b。我们知道 W 会接近 0.1，b 接近 0.3，但是 TensorFlow 并不知道，它需要自己来计算得到该值，因此采用梯度下降法来迭代求解数据基于 1.4.0 版本。

【例 14-4】梯度下降法求解线性回归

输入：

```
import tensorflow as tf
import math
```

【例 14-4.1】创建 graph 数据

输入：

```
W=tf.Variable(tf.random_uniform([1], minval=-1.0, maxval=1.0))
b=tf.Variable(tf.zeros([1]))
y=W*x_data+b

#定义下面的最小化方差
#1.定义最小化误差平方根
loss=tf.reduce_mean(tf.square(y-y_data))
#2.learning_rate=0.5
optimizer=tf.train.GradientDescentOptimizer(learning_rate=0.5)
#3.最优化最小值
train=optimizer.minimize(loss)
```

【例 14-4.2】初始化变量

输入：

```
init=tf.global_variables_initializer()
```

【例 14-4.3】启动 graph

输入：

```
sess=tf.Session()
sess.run(init)
for step in range(8):
    sess.run(train) print("step={},sess.run=(W)={},sess.run(b)={}".format(step,sess.
run(W),sess.run(b)))
```

输出：

```
step=0,sess.run=(W)=[0.29632795],sess.run(b)=[0.3055457]
step=1,sess.run=(W)=[0.20967278],sess.run(b)=[0.30340156]
step=2,sess.run=(W)=[0.16169089],sess.run(b)=[0.30226737]
step=3,sess.run=(W)=[0.1351235],sess.run(b)=[0.30163935]
step=4,sess.run=(W)=[0.12041324],sess.run(b)=[0.3012916]
step=5,sess.run=(W)=[0.11226823],sess.run(b)=[0.3010991]
```

```
step=6,sess.run=(W)=[0.10775837],sess.run(b)=[0.3009925]
step=7,sess.run=(W)=[0.10526127],sess.run(b)=[0.30093345]
```

上面输出是迭代 8 次的结果。梯度就像一个指南针，指引我们朝着最小的方向前进。为了计算梯度，TensorFlow 会对错误函数求导，例 14-4 中就是算法需要对 W 和 b 计算部分导数，以在每次迭代中指明前进方向。从输出结果可以看出，从 step=0 到 step=8，W 与 b 的值逐渐逼近真实值 0.1 与 0.3。

【例 14-4.4】每次迭代的可视化效果图，程序运行结果如图 14-4 所示

输入：

```
plt.subplot(4,2,step+1)
plt.plot(x_data,y_data,'ro')
plt.plot(x_data,sess.run(W)*x_data+
sess.run(b),label=step)
plt.legend()
plt.show()
```

输出：

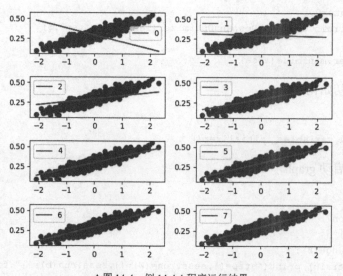

▲图 14-4　例 14-4.4 程序运行结果

通过观察图 14-4 可以看出，随着迭代次数的增加，直线越来越接近真实效果。为了方便读者学习，将例 14-4 的分段代码汇总在例 14-5 中，具体见例 14-5。

【例 14-5】例 14-4 的代码汇总

输入：

```
import tensorflow as tf
import numpy as np
```

```
import matplotlib.pyplot as plt
num_points=1000
vectors_set=[]
for i in range(num_points):
    x1=np.random.normal(loc=0.0,scale=0.66)
    y1=x1*0.1+0.3+np.random.normal(0.0,0.03)
    vectors_set.append([x1,y1])
x_data=[v[0] for v in vectors_set]
y_data=[v[1] for v in vectors_set]
W=tf.Variable(tf.random_uniform([1], minval=-1.0, maxval=1.0))
b=tf.Variable(tf.zeros([1]))
y=W*x_data+b
loss=tf.reduce_mean(tf.square(y-y_data))
optimizer=tf.train.GradientDescentOptimizer(learning_rate=0.5)
train=optimizer.minimize(loss)
init=tf.global_variables_initializer()
sess=tf.Session()
sess.run(init)
for step in range(8):
    sess.run(train)
    print("step={},sess.run=(W)={},sess.run(b)={}".format(step,sess.run(W),sess.run(b)))
    plt.subplot(4,2,step+1)
    plt.plot(x_data,y_data,'ro')
    plt.plot(x_data,sess.run(W)*x_data+
    sess.run(b),label=step)
    plt.legend()
plt.show()
```

与 Caffe、Theano、Torch、MXNet 等框架相比，TensorFlow 在 GitHub 上更受关注，而且在图形分类、音频处理、推荐系统和自然语言处理等场景下都有丰富的应用。最近流行的 Keras 框架底层同样支持使用 TensorFlow，AlphaGo 开发团队——Deepmind 也计划将神经网络应用迁移到 TensorFlow。本文所选的例子是入门级别的案例，更多的深度学习方法等待你去开启。

参考文献

[1] 周志华. 机器学习［M］. 北京：清华大学出版社，2016.

[2] 李航. 统计学习方法［M］. 北京：清华大学出版社，2012.

[3] 项亮. 推荐系统实践［M］. 北京：人民邮电出版社，2012.

[4] 许以超. 线性代数与矩阵论［M］. 2版. 北京：高等教育出版社，2008.

[5] 史忠植. 知识发现.［M］. 2版. 北京：清华大学出版社，2011.

[6] Cormen T H. 算法导论［J］. 潘金贵 译. 北京：机械工业出版社，2006.

[7] 李子强. 概率论与数理统计教程［M］. 2版. 北京：科学出版社，2008.

[8] Platt J C. Fast training of support vector machines using sequential minimal optimization[M]. Massachusetts：MIT Press,1999:185-208.

[9] Mihalcea R,Tarau P. TextRank:Bringing Order into Texts[J].Emnlp,2004:404-411.

[10] 司守奎，孙玺菁. 数学建模算法与应用［M］. 北京：国防工业出版社，2011.

[11] 朱梅尔，芒特. 数据科学［M］. 北京：机械工业出版社，2016.

[12] Lal M. Neo4j Graph Data Modeling[M]. Birmingham :Packt Publishing,2015.

[13] Puth M T, Neuhäuser M, Ruxton G D. Effective use of Spearman's and Kendall's correlation coefficients forassociation between two measured traits[J].Animal Behaviour,2015,102:77-84.

[14] Huang J. Modeling User Behavior and Attention in Search[J].Refrigeration & Air Conditioning, 2013,30(3):458-472.

[15] 费良宏. Deep Learning with Python[M]. Berkeley :Apress, 2017.

[16] Nandy A, Biswas M. Applying Python to Reinforcement Learning[M]//Reinforcement Learning.2018.

[17] Pedregosa F, Gramfort A, Michel V, et al.Scikit-learn:Machine Learning in Python[J]. Journal of Machine Learning Research,2013,12(10):2825-2830.

[18] Hartigan J A, Wong M A.Algorithm AS136:A K-Means Clustering Algorithm[J].Journal of the Royal Statistical Society.Series C (Applied Statistics),1979,28(1):100-108.

[19] Kononenko I. Semi-naive bayesian classifier[M]. Berlin : Springer,1991:206-219.

[20] Bland J M, Altman D J. REGRESSION ANALYSIS[J].Lancet,1986,327(8486):908-909.

[21] Chen T, He T, Benesty Ml, et al.xgboost:Extreme Gradient Boosting[J].2016.

[22] Chen T , Guestrin C . XGBoost: A Scalable Tree Boosting System[C]// Proceedings of the 22nd ACM SIGKDD International Conference on Knowledge Discovery and Data Mining. ACM, 2016.

[23] Wang M, Zhang J, Liu J,et al.PDD Graph: Bridging Electronic Medical Records and Biomedical Knowledge Graphs via Entity Linking[J]. Lecture Notes in Computer Science 2017(10588):219-227.